所谓的天赋，只不过是义无反顾

李小狼

著

As long as you have courage, you can do anything well.

古吴轩出版社

中国·苏州

图书在版编目（CIP）数据

所谓的天赋，只不过是义无反顾 / 李小狼著. — 苏州：古吴轩出版社，2017.7
ISBN 978-7-5546-0954-5

Ⅰ.①所… Ⅱ.①李… Ⅲ.①情商—青年读物 Ⅳ.①B842.6-49

中国版本图书馆 CIP 数据核字 (2017) 第 144366 号

责任编辑：蒋丽华
见习编辑：薛　芳
策　　划：文通天下·孙倩茹
装帧设计：门乃婷工作室

书　　名：所谓的天赋，只不过是义无反顾
著　　者：李小狼
出版发行：古吴轩出版社
　　　　　地址：苏州市十梓街458号　　　　邮编：215006
　　　　　Http://www.guwuxuancbs.com E-mail：gwxcbs@126.com
　　　　　电话：0512-65233679　　　　传真：0512-65220750
出 版 人：钱经纬
经　　销：新华书店
印　　刷：三河市兴达印务有限公司
开　　本：880×1230　1/32
印　　张：9.75
版　　次：2017年7月第1版 第1次印刷
书　　号：ISBN 978-7-5546-0954-5
定　　价：36.80元

如发现印装质量问题，影响阅读，请与印刷厂联系调换。0316-3515999

前言：

....

想哭也憋着，瞧不起你的人还在笑呢

....

你要知道，你有多无力，瞧不起你的人就会嘲笑得多用力。

有一段时间，我的微信公众号遇到发展的瓶颈，关注的人数到了两万以后就迟迟不增长，单篇文章的阅读量也急剧下滑，从平均八千多直线下降到四千多。没有几个自媒体人是不被阅读量"绑架"的，我也不能免俗。阅读量是行走自媒体江湖的第一张名片，是一个自媒体人成就感的来源，甚至是最重要的来源。

阅读量下降让我感到极度慌乱，情绪低落，意志消沉，甚至失去灵感，写不出好文章，并且一度怀疑自己。我时常在朋友圈抱怨："好心塞，阅读量下降得那么厉害，没什么信心再写下去了……"

不经意间，我偶然得知周围有一些人对我的评价："他的风格就是东扯西扯，谁会看啊？""真有勇气，写得那么low（没水平）也好意思发出来。""写那些没营养的文字能解决什么问题呢？还以为自己很能。"

我深知既然选择了写作，既然想让自己的文章被更多人肯定，就逃不过被议论，毕竟我无法取悦所有人。所以对于带着网络面具的"喷子"的恶语，我一直很看得开，也一直很豁达。只是当我知道这些恶毒的评论就来自我的朋友时，我一时还是难以接受。

"五一"劳动节期间，我在空荡荡的图书馆里独自敲着键盘，长时间盯着屏幕的眼睛有点红肿，越想越难过，忍不住有一种想哭的冲动。我狠狠地踢了几下桌角，咬着牙，告诉自己："再想哭也得使劲憋着，那些瞧不起你的人还躲在暗处嘲笑你呢！不能让自己成为他们口中那个没用的人！"

表现出懦弱的一面又能做什么呢，是想告诉那些瞧不起你的人他们的眼光是对的吗？"努力"这个词真是"鸡汤"又是"鸡血"，可它是你唯一的选择、唯一的武器、唯一的出路。你唯有努力，做出成绩，才能给瞧不起你的人有力的反击，才能把尊严从恶人污秽的口舌中夺回来！

从那之后，我把吃喝玩乐的时间都用来阅读、码字，强迫自己每日发文。后来我微信公众号的关注人数涨到了五万，头条文章阅读量基本都能破万。现在我靠写字也可以赚够一个月的生活费了。

回过头来再看那些曾经嘲笑过我的人，他们一边鄙视别人的努力和付出，一边还在伸手要着父母的钱，真是嘴脸丑陋而不自知啊。

— 2 —

高中的时候，我和年级成绩第一的同学住在同一个宿舍。

有一次上语文课，老师叫我们聊自己的梦想，那时候谈梦想还不会被说俗气，还不会被说矫情，也不会被说装腔作势。我站起来慷慨激昂地说了自己想成为一名主持人的梦想。因为我喜欢说话，我善于沟通，我热爱语言。我最想去的大学是中国传媒大学，做一名主持人是我当时最渴望的、最热切想要实现的梦想。

高三下学期，各个大学都开始了自主招生的宣传。有一次班主任通知说我们学校有几个中国传媒大学自主招生的推荐名额，叫符合条件的同学积极参加报名。

虽然我向往"中传"已久，可是我当时的成绩太差，根本拿不到这些推荐名额。得不到机会、拿不到资源，是由于自己不够好，我无话可说，也无权挣扎，但是我还是感到非常遗憾，无地自容。

那天我心情极其低落，回到宿舍，不再是从前那个话痨，而是一个人坐在床边一言不发，暗自遗憾。那个"第一名"同学就坐在我对面，他突然提高了嗓音，装作很惊讶地问我："咦？你怎么还在宿舍啊，不是应该去报名参加中国传媒大学的自主招生吗？你可是未来的一线主持人哟！"

宿舍的其他人都识趣地保持了沉默，因为他们知道我是为什么不开心，尽量不在我面前提起"中传"，提起我要做主持人的梦想。

我一直记得他故意刁难的语气、明知故问的笑容、蓄意挑衅的嘴脸。我继续保持沉默，我知道弱者的抗争只是无谓的嘶吼，如果你不强大，被瞧不起也只能忍，只能认，只能憋着。

我把眼泪忍住，咽下怨气，认清了现实：学习，我只能学习，疯狂地学习。学习能让我变强大、变优秀，能让我赢得尊严，让我获得底气，让我不被人看轻。所有的自我怀疑、自我放弃都是在消耗自己，我只能拼命学习。

高考结束，我考出了自己有史以来最好的成绩，分数比"第一名"高了10分，去了比"中传"更好的学校。

所以，别让瞧不起你的人，有第二次嘲笑你的机会。

— 3 —

我听过太多这样的自暴自弃：

"我快坚持不下去了，没有人支持我，没有人鼓励我，我太累了，我真的想放弃了！

"我没有动力去努力，浑身乏力、毫无斗志，要不我还是混吃等死、苟且一生算了！

"我活得好迷茫，我的人生没有方向、没有目的、没有冲劲，我什么资本都没有，所以只能事事将就！

"我过得好颓唐，我知道我必须要改变自己、强迫自己、重塑自己，但我就是懒惰，就是游手好闲，就是无所事事，我只能安于现状、甘于平庸、碌碌无为！"

当你感到前途迷茫、身心俱惫，找不到动力去努力、去坚持的时候，你就想想身边那些笑话过你、贬低过你、瞧不起你的人的眼光是多么冰冷、多么残忍、多么无情、多么伤人！

你会疲劳，会心累，会倦怠，会想放弃，会想撒手不干。但是嘲讽你的人永远不会疲劳，他们的声音会一直刺痛你的耳朵；他们永远不会倦怠，窥探的眼神会一直撕扯你的心窝。

真正希望你过得好的也许没有几个人，但随时准备看你笑话的人却比比皆是。

别轻易落泪，你哭喊得有多大声，瞧不起你的人就会笑得有多畅快。

别轻易放弃，你的每一次堕落，都给了瞧不起你的人拍手称快的机会。

你必须努力，你不得不努力。

蠢人才总说自己毫无选择。没有选择的时候，努力就是你唯一的选择！

目录

第一章

....

为什么我就是想去大城市受苦受累

第二章

孤独的人生，唯有披甲上阵

第三章

我们都渴望在最好的年纪遇上最对的人

第四章

我们凭什么要委屈自己

第五章

哪有人生来人见人爱，只是学会了与世界相处

你得不到别人的笑脸相迎，不怪他们太无情，

只怪你还不够好。

你要让你的能力配得上你的虚荣，

让你的优秀配得上你的自尊，

让你的视野配得上你的骄傲。

第一章

为什么我就是想去大城市受苦受累

为什么我就是想去大城市受苦受累

我不想生于小城，困于小城，终于小城，

其间从未看过另一番风景。

— 1 —

　　徘徊在毕业季、跳槽季的人，面临着各种选择：读研、工作、出国，外企、国企、民营……但是无论走哪条路，总是逃不开这个问题："你以后想留在哪个城市？"

　　不知从什么时候开始，"逃离北上广"的论调甚嚣尘上，新闻报道大多是说大城市打拼的艰难困苦和小城市安家的逍遥自在，似乎选择"大城小床"是可笑而愚蠢的，选择"小城大床"才是明智的。

　　电影里某大城市的"X二代"爱上穷人的戏份，在现实世界里极少出现。大城里的小床随时都有可能被房东收走，小城里的大床却可以一直为我所有。你在黄浦江边饿着肚子从诗词歌赋聊到人生理想，我在小宅庭院悠然自得地看着星星、赏着月亮。

对于"以后要留在哪个城市"，我曾经只是一个旁观者，难解其中味。看到别人选择时，出于关心也源于无奈，抑或是因为人类天生贪图安逸与享乐的本性，我也会劝说："别那么辛苦，回小城市去过安稳的日子吧。"

可现在轮到我做选择的时候，我却毅然决然地说："我就想去大城市，受苦受累也没关系。"

— 2 —

有一期《奇葩说》里谈到了"是要大城里的一张床，还是要小城里的一套房"的话题，我非常赞同马薇薇的观点：在大城市，你会遇到一种东西，叫"未知"。你不知道你会遇到什么人，你不知道你会经历什么事，你不知道你会死在哪个坑里，但是你会看到，由于命运的变幻莫测，你永远也无法猜到人生这本小说的结尾。这是最棒的小说，它让人觉得人生虽艰难却值得追求。

没有人愿意自己的人生是一份一眼就望到尽头的说明书。

　　大城市虽然竞争激烈，可竞争能带来公平，所以才会给来自小城、不能"拼爹"的我们一个去拼才华和能力的机会；竞争能带来动力，所以才能促使我们竭尽全力以防止混吃等死。

　　大城市更多的人会更讲究规范，更守规则，更能按合同办事，更少靠人情买单。江湖规矩，简单直截，你来我往，能者上，弱者下，这才是真正的公平。

　　在大城市，一部手机能连上Wi-Fi，就可以购买到琳琅满目的商品、各式各样的服务。你笑我在大城里只有一张床，却未见我走出房门一样是花花世界，华灯璀璨、车水马龙。

　　视野不同，格局迥异，这才是人与人之间最大的差距。

　　在小城市发展，人生的天花板会陡然降低，触手可及。也许拼到四十岁就到了头，再无向上发展的空间，从此剩下的四十年，你无数次徘徊在小城十年如一日的街道，熟悉的叫卖声、嬉闹声此起彼伏。你站在街头，一眼望到街尾，举目四望，搜寻不到一个新鲜面孔；路过的二狗随地吐了一口痰，不小心就吐到了你新买的仿真皮鞋上；翠花家的"熊孩子"鬼鬼祟祟地在你脚边放了一个炮仗，闷雷一声响，你被吓了一跳，于是他满足地扯着嗓子尖笑着跑开，你双腿一软，蹲在人挤人的街头，双手抱着脑袋，揉搓着刚刚在一家叫作"潮流最时尚"的理发店剪的平头，一下子就哭了。

第二天，你被小孩子的炮仗吓成神经病，在大街上抱头痛哭的事，一下子传遍了小城，成了家家户户茶余饭后的谈资笑料。

没有人知道，你为什么而哭。

这就是小城镇的生活状态，太纯粹，所以缺少生趣。

— 3 —

我身边即将步入社会的绝大多数人，尤其是小城市出身的人，虽然都知道大城市的竞争更激烈、生存更艰难、人性更复杂，但都无一例外地想去大城市发展。

究其原因，无非是为了寻找更大的平台、更多的机遇、更开阔的视野。而我不矫情诗和远方，不空喊梦想的口号，只是想去看看大城市的灯是不是更红，酒是不是更绿，女孩是不是更美，男孩是不是更帅；只是想去看看大城市到底有多苦、有多累；只是想去看看我这块料能不能在大城市被打磨成器……

因为，以上的一切，对于小城市出生的我来说，从未亲眼见过。

我不想生于小城，囿于小城，终于小城，其间从未看过另一番风景。

当然，人各有志，每个人的生活方式和人生追求都不同，不能一概而论，无论大城小城，努力生活的人都值得被生活温柔以待。只是，我不去闯就会不死心，比起在小城市饱食终日、坐井观天，我宁愿在大城市摸爬滚打、遍体鳞伤。

谁说"90后"是垮掉的一代？我们上进着呢！

你那么"怂"，还想要世界为你堆满笑容

你要让你的能力配得上你的虚荣，让你的优秀配得上你的自尊，
让你的视野配得上你的骄傲。

— 1 —

看到高考成绩的那一刻，埋在我心里三年的酸楚，只剩下一
声如释重负的叹息。

高考成绩是我自高三以来考得最好的一次，但我所在省的高
考情况反而是近几年来最不好的一次。很多人都发挥失常，我却
从模拟考中的全市两千多名冲到了高考的全省前五百名。

同学们都很诧异，说我"运气好"。只有我自己才知道，拼到
这个成绩，我已经用尽了对冷暴力的所有忍耐力，最终才没有被
高考的压力彻底打垮。

高中的时候，在理科实验班，我是永远拖后腿的学生。理科实验班聚集了全校成绩最拔尖的学生，是学校领导和老师们的掌中宝、心头肉，所以我们班的考试成绩都背负了沉重的使命感，每个人的成绩都会被无限放大，成为全校的谈资。

考得好——"不愧是实验班的！"

考得差——"竟然是实验班的？"

我就属于在实验班再怎么努力也考得很差的那一群人，自然成了老师重点教导的对象。

当我们全班都在备战生物竞赛的时候，我还在为每次的生物遗传题拿不到一半的分而苦苦纠结。

当我们全班的物理平均分每次都能稳稳上90分的时候，我只能考50分。

当我前后左右桌的数学成绩都上了140分的时候，我才为自己终于考了一次130分暗自庆幸。

高中最好的哥们儿在班上一直排前几名。高考后我们时常聚在一起回忆高中生活，每当他用一堆诸如"和蔼可亲""耐心""热情"等词来形容我们高中老师的时候，我只能皮笑肉不笑地回应"是吗""哈哈""好吧"……

因为在我的高中生涯里，我看到的老师一直是不会笑的，至少笑的时候不是对着我。

是我不努力在放弃自己吗？平心而论，除了成绩上不去，我符合一切传统意义上"好学生"的标准。我学习认真刻苦、尊重师长、团结同学，在团队合作中总能成为一个优秀的领导者，可就是"成绩上不去"，这点一直让我不敢面对老师。

每次我尝试向老师请教问题，他们稍有冷漠我心里都会有一种刺痛感，我总是觉得他们不喜欢看到我，脸上写满了"实验班的学生竟然连这个都不懂"的表情。

作为班上家庭经济条件最不好的学生之一，每次等待分配助学金名额的时候，我都会很担心被忘记；因为口才不错，我还被班上的同学一致推荐去电台做节目，可是班主任竟然把机会给了另一位同学。

班上排名前十的同学生病，班干部们亲自到医院嘘寒问暖；我感冒趴在桌上起不来的时候，他们让我自己坐公交到医院打点滴……

庆幸的是，我还算是个遇挫则强的人，觉得受了委屈，就在别人吃饭的时候一个人躲到操场大哭一场，哭完接着滚回去学习。我的生物和物理的成绩都特别差，不会做的题目就要拼命研究答案，直到弄懂。每一次考试都尽量不去计较排名，把时间都花在反思总结上。

这种方法虽然让我进步缓慢，但我感觉到自己的心态正在转变，成绩也在逐步提高。高考结束时，心中已然满是可以超越自己的底气。

— 2 —

如果你以为我是在讲述一个"差生逆袭"的励志故事，那你就错了。

我当然也抱怨、指责过有些老师的偏心，但多年以后，再回想起高中经历的一切，我已经不会再埋怨。

我总是觉得，当时的我在别人眼中就是一个成绩不好、家里又穷的一个loser（失败者）、一个"怂包"，我没有权利也没有能力去要求别人像对待优秀学生一样笑容满面地对待我，他们有表达自己的情绪的自由。我只能尽力让自己成为一个能配得上别人尊重和友善的学生。

大多数普通人都会喜欢成绩好的学生，因为他们符合这个社会所设定的"优秀人才"的标准。

同样，大多数普通人，都或多或少会对优秀的人给予更多的笑脸和尊重。这是无法改变的人性，也是关系型社会中残酷的生存法则。

优秀的员工才能和老板称兄道弟，差劲的员工只能为老板跑腿打杂。你埋怨老板对你尖酸刻薄的时候，就应该想想自己是不是那一批为公司创造价值的人，值不值得老板的嘉奖鼓励。

人活一世，最难逃过的是成为别人茶余饭后的谈资。你要优秀到别人在背后对你闲言碎语的时候，都是在怀疑你的成功是不是走了捷径，而不是在拿你的人生作为前车之鉴吓唬小孩要好好读书，以免成为下一个你。

你得不到别人的笑脸相迎，不怪他们太无情，只怪你还不够好。

你要让你的能力配得上你的虚荣，让你的优秀配得上你的自尊，让你的视野配得上你的骄傲。

如果你和我一样笨，那请和我一样努力吧。

你不一定会成功，但你一定要努力；你不一定会成为人人敬仰的人上人，但是努力学习、奋力拼搏的过程会让你的人生愈加深刻而非日渐浅薄。即使有一天，你还生活在俗人的圈子里，你也终将不再被俗气沾染。

寒窗苦读十年书，如今抢着去打工

认为自己只是在为别人打工的人，只能一辈子做打工仔；
能当老板的人，都是用打江山的心态在打工。

— 1 —

室友结束了在一家公司的实习，回来对我说："我决定要读博士了。"

在我眼里，博士是一种多么奇特、怪诞、神秘又崇高的生物，珍贵得可以被圈养起来了。

我问他："为什么想读博士？你不是挺想干一番事业的吗？"

他回答说："因为我想留在学校。我不想过那种朝九晚五、天天不重样的日子，似乎活着就是为了上班领微不足道的薪水，每天穿着难看得要死的工作装，对着领导、同事满脸堆笑、小心翼翼，那种周而复始的生活，对我来说简直就是生不如死。"

我深以为然："是啊，我也不愿意过那种刚三十岁就看到头的日子。可是，学校也不一定就比社会好过，没有人能逃避社会。"

室友说："即使要把青春耗在学校里，我也觉得比读了十几年书，到头来却给别人打工好。"

我默然。

我现在就是四处投简历、要去给别人打工的实习生大军中的一员。经济形势不好，就业市场本来就"僧多粥少"，即使拿着"985""211"大学的文凭以及光鲜亮丽的简历，我也是处处碰壁。

我所在的学校虽然不错，可是地理位置很偏，离大城市比较远，光是因为面试的时间和地点无法协调好，就已足够错失一堆机会了。当然，肯定不排除其中有我自身的问题。

我身边的大多数同学也都在焦躁不安。

很多人一开始眼界太高，只看得上BAT（指中国互联网公司百度公司、阿里巴巴集团、腾讯公司，其首字母缩写为BAT），熬到后来，机会越来越少，看到一个招聘信息就饥不择食地扑上去投简历。

当我投下第一份简历的时候，就在心中暗暗立誓：非北上广深不去。我投了十份简历都没有回应，这才回头去看二线城市，发现二线城市的岗位早就被抢光了。

我们在学校时，也能拿着哈佛商学院的案例头头是道地为世界500强出谋划策，站上讲台指着身后炫酷的PPT，张口闭口都是政策经济、社会文化，找工作的时候却为了一份销售工作争得头破血流……

从小到大我们都以为自己可以主宰世界，现在才懂得，到了人才市场谁都得乖乖排队，插队要被活活打死。

年轻人傲骨挺立，但是如果撞上坚硬冰冷的现实，玻璃心就会碎一地。

随着网络传播力的加大，鸡汤文在不断滋生蔓延，以至于我们的生活一旦和"打工""安稳"这种字眼有联系，就会被文艺青年所鄙夷。

可现实是"寒窗苦读十年书，如今抢着去打工"。

我们为什么会在这样的现实面前感到无力，以至于垂头丧气？因为听起来，我们的骄傲好像终究要被追求安稳的心打败。

不得不承认其实这句"丧气"的话，才是人生最真实的模样。

— 2 —

即使"大众创业、万众创新"的口号喊得再响亮，真正有勇气、有能力自己创业当老板的人也没几个。

绝大多数大学生创业的idea（想法），只能活在用PEST（一种宏观环境分析模型）、SWOT（一种态势分析法）、波特五力分析模型（一种竞争环境分析方法）等堆砌出来的商业策划书中。

我一个朋友拿过多个国家级、省级的创业类竞赛金奖，参与了几个得到学校基金出资扶持的创业项目，大三时就有创业公司拉他入伙。

聊到以后的发展，我问他："你是不是想走创业这条路？多牛啊！"

他耸了耸肩说："我是一定不会去创业的，风险太大了。像我们这种缺钱的人，注定是要为别人打工的。创业？等我创业成功了，家里人估计也都饿死了。"

是啊，我也是，太缺钱，所以不敢再花时间读研，不敢放开手去创业，虽然我知道说这种话很丧气、很负能量、很反鸡汤，可是大多数人确实是要为柴米油盐而拼命，吃不饱饭的诗和远方终究是虚无的、华而不实的。

找个好工作，安心地为别人打工，成了我们最无奈、最稳妥的出路。

我有一个同样在做自媒体的朋友，目前也难以找到合适的实习单位。

她的微信公众号粉丝人数现在已经快十万了，有一定的商业化运营潜质，所以她曾经跟我说过一个"疯狂"的想法：毕业后不就业，借助自己的微信公众号开工作室。

说这个想法"疯狂"，是因为现在的自媒体行业钱少、事多、竞争大，而且还不稳定。搞不好今天的势头就会被明天的另一个风口所取代，搞不好哪天突然就遇到了瓶颈而无法持续地输出优质内容，搞不好粉丝厌倦了你就会相继取消关注。大学刚毕业就想干这一行，意味着要错过最好的就业时机，风险系数自然不必多说。

她不仅有勇气，也有才华。

她曾问我："你那么拼命读书，拼命做微信公众号，难道就只是为了给别人打工，过所谓的安稳日子吗？"

我一时语塞。

做自媒体虽然很辛苦，但写字是我的爱好，再忙也会腾出时间想选题、抠字眼、排版。那会让我感到无比充实，所以也并没有像她说的那样辛苦。

可是对于现阶段的我来说，还没有积累到足够的资本来支撑我去做自己想做的事情，所以找份好工作、谋求安稳依然是我目前最大的期望和最好的出路。

— 3 —

我特别讨厌那种鼓吹着正能量，叫人不要安于稳定的鸡汤文章。

什么"稳定地活着就是浪费生命""年轻人就是要去冒险""当你发现你完全胜任于自己目前的工作时，你就该换个工作了"……

这都是什么话啊？

这些话都是网络上某些知名作者说的，就是这些内容给他们带来了粉丝和关注量，让他们得以安安稳稳地活着，然后仿佛看穿尘世一般继续大肆鼓吹"稳定地活着就是浪费生命"。

阿里音乐前董事长、音乐人、词曲创作者、制作人、导演、脱口秀节目主持人高晓松先生曾说："人生不止眼前的苟且，还有诗和远方的田野。"这句话是说给那些尚在底层苦苦挣扎、一个月工资只够交房租、奋斗一辈子也买不起一套房的年轻人听的。

但是，于我，于普通人，稳定才是诗和远方。

稳定不等于苟且，稳定不代表不努力，稳定绝不是混吃等死、安于平凡和碌碌无为。多少人为了稳定的生活拼了命地努力，才能换来一个普通的人生；多少人苦读十年书才从与世隔绝的山沟里爬出来，有机会去为人打工，换取一份安稳的小确幸。

对于我这种随时可能交不起学费，找不到工作，爸妈也没有能力供养我的人来说，安稳就是人生最大的馈赠。

不要羞于谈稳定，朝九晚五也是一种美好的生活。在稳定的工作中可以忙里偷闲，拉三两好友月下小酌、闲庭信步，也是人生最美的样子。

年轻人当然要努力，但是现在一切的努力，都是为了日后的安定，而不是为了生活在奔波劳苦之中。

所以我想对那些像我一样正在抢着去为别人打工或者已经开始在为别人打工的人说："也许寒窗十年造就了你现在的心高气傲，可是我们当中的大多数人终究是普通人，也许注定一生都只能通过为别人打工来谋求安稳的生活。不必不甘，不必不愿，不必自我质疑，因为认为自己只是在为别人打工的人，只能一辈子做打工仔；能当老板的人，都是用打江山的心态在打工。"

走，我们一起去打江山！

年纪轻轻的我们，
为什么总是感到无比焦虑

我隐隐感觉三十岁的模样已经近在眼前了，只是与我隔了一层面纱。

— 1 —

万达集团董事长、中国首富王健林参加访谈时的一段话，曾经在朋友圈里被广泛传播："很多年轻人，有自己的目标，比如想做首富是对的，奋斗的方向，但是最好先定一个小目标，比方说我先挣它一个亿，你看看能不能用几年挣到一个亿，你是规划五年还是三年呢？"

挣一个亿，请问你是规划五年还是三年呢？

原以为首富只是钱比我们多，现在才知道，首富之所以被称为首富，不仅是因为他钱多，还因为我们普通人眼里的"钱多"

在他眼里都不算多。

很多人转发王健林的这段话，多为调侃：在首富眼里，原来一个亿只是个"小目标"。

由此衍生出来的一系列"小目标"段子也紧随其后在各行业内刷屏：

"新的一周，我要给自己定个小目标，比如先瘦它个四十斤，再长得比范冰冰还美！"

"做新媒体的，应该要先给自己定个小目标，比如下个月，粉丝涨它个一百万！"

"年纪也老大不小了，接下来的一年，给自己定个小目标，嫁给宁泽涛吧！"

我无意去探讨王健林的这段话是不是被断章取义了，第一次看到这段话，我感到的是隐隐的恐慌。

— 2 —

首先，是"五年还是三年"这几个字让我感到很焦虑。

很多读者知道我是个二十二岁的大学生后，第一反应都是："原来你还那么年轻？"

可能是我的心理年龄比较大，所以我一直不敢认为二十二岁还年轻，按照王健林的话说，过个三五年，我也是个奔三的大叔了，我的工资能有多少？买不买得起房？我能混到什么地位？能否在社会上站稳脚跟？

我不敢认为二十几岁"还年轻"，是怕自己习惯性地把"还小、不懂事"当借口。我隐隐感觉三十岁的模样已经近在眼前了，只是与我隔了一层面纱，如果等到揭开面纱的那一刻，我看到的是一个碌碌无为、穷困潦倒的自己，内心难免会感到悲伤。

我身边有很多同龄人，有的开始创业当老板，有的已经月入几万，买下了自己的第一套房，有的被保研到清华、北大去钻研学术。从前总觉得传说中的各种牛人事迹只存在于新闻报道里，现在发现他们就活生生地在我们身边。这样的现实，让我觉得就算我不断地前进，也随时有可能会被淘汰出局。

— 3 —

其次，王健林口中的"小目标"即一个亿，让我第一次认真地计算了一下，现阶段我到底有多少存款。

过去的半年，我靠自己做自媒体时赚的广告费、读者的打赏和学校奖学金，一共攒下了69000元。嗯，离一亿元还差了99931000元，在大城市可以买个1平方米的房子。

半年能有这个数目的存款，已经是我牺牲了几乎所有的娱乐时间，边工作边读书边写作赚来的。暂且不说广告费本来就是吃了上顿没下顿，赚钱的渠道远远没有需要花钱的地方多，赚钱的速度远远比不上房价飞涨的速度，赚钱的能力还不足够支撑起在大城市立足的野心。

一个亿的目标当然不具备参考性，只是调侃，但无法调侃的残酷现实是经济越来越发达，年轻人反而越来越穷了。

《每日经济新闻》的一篇文章说道："年轻人需要安家置业，需要娶妻生子，其支出通常要比退休人群高，因此也需要相匹配的更高的收入，但现实就是这么残酷。"

《卫报》对上述调查出示了以下数据：

在美国，30岁以下的年轻人比退休人群要穷；

在英国，退休人群可支配收入的增幅相当于年轻人收入增幅的 3 倍。

美国千禧一代的工资水平大幅缩水，这样的情况在意大利、法国、西班牙、德国、加拿大也同样存在；在一些国家，年轻人工资缩水的程度甚至超过了 2008 年全球金融危机带来的冲击。

此前《每日经济新闻》中刊载了一篇文章，是一位澳洲华裔女学生写的一封公开信，表达了她对于前途的迷茫："我们家 10 年前买的房只有 40 万新西兰元（约合人民币 180 万元），如今它的市场价值已经翻倍至 80 万新西兰元，这样的涨幅超过了我父母薪水的涨幅，而我对自己大学毕业后的薪水预期，也就是我父母当前的收入水平。从前那些看似可以通过勤奋工作就能实现的梦想，如今已经变得遥不可及。"

临近毕业，同学问我："你的期望工资是多少？"

我回答："税后怎么也得拿到 8000，才能保障基本生活吧。"

同学大惊失色："你做梦吧，大学刚毕业就想拿税后 8000 的工资？现在大学生平均月薪 5000 都没有。"

直到我看到这样一组数据：

腾讯教育—麦可思调查显示，被调查的2015届应届毕业生中，已签约的高职高专毕业生、本科毕业生、硕士毕业生平均签约薪资分别为3133元、3694元、5590元。

我想哭却又哭不出来，于是就去问我同学："对于我们这种有老人要养又没有老人可"啃"的人来说，那么低的工资，工资增幅又远不及房价增幅，你觉得我们什么时候才能买得起房？"

同学回答："找个对象，两个人一起奋斗三十几年，总该买得起了。"

我无奈地开了个玩笑："刚买好新房子，就到了该考虑买墓地的年纪了……"

— 4 —

代际的收入鸿沟越拉越大，同时，现在的年轻人也将承担养老压力、养育后代压力等，可谓是不堪重负。

我们这些只有背影、没有背景的年轻人，虽然永远年轻，却也永远感到压力重重。

现在一无所有，对未来一无所知，我时常会感到焦虑，感到惶恐。

获得第74届雨果奖（堪称科幻艺术界的诺贝尔奖）的中短篇小说《北京折叠》构造了这样一个世界。

大地的一面是第一空间，五百万人口，生存时间是从清晨六点到第二天清晨六点；空间休眠，大地翻转，翻转后的另一面是第二空间和第三空间，第二空间生活着两千五百万人口，生存时间是从次日清晨六点到夜晚十点；第三空间生活着五千万人，从夜晚十点到清晨六点，然后回到第一空间。时间经过了精心规划和最优分配，小心翼翼地被隔离，五百万人享用二十四小时，七千五百万人享用另外二十四小时。

在不同的空间里，分门别类住着不同的人，第三空间是底层工人，第二空间是中产白领，第一空间则是当权的管理者。在可以折叠的北京里，上流社会的人不仅仅有更精致的生活，还有更长的时间。掌权者要依靠剥削底层人的劳动才能维持自己的生存，这也是故事冲突爆发的火药库。但郝景芳的思考深了一步：如果底层人连被剥削的理由都失去了怎么办？生产力的发展，使得劳动力越来越不重要，主角老刀是两千万垃圾工人中的一个，但机器人已经可以处理垃圾，只不过出于社会稳定的需要而保留了这部分工作。因而，这些人只能被"塞到夜里"，不参与社会经济的运作。

　　虽然是虚构的科幻世界，却映射出当代社会中人们对于阶层割裂趋势的深切焦虑，引起了我们的思考，对未来的预想。

　　社会竞争的确很残酷，但我们也绝不能让自己处于这种焦虑之中，不能让这种情绪阻碍自己的提升和发展。人是不可能被完全界定的，一切都可以通过努力而发生改变。未来再艰难，也总有人会突破困境，你怎么认定那个人就一定不是你？

其实我也想靠父母啊

....

我想说，还有一种英雄主义，那就是在认清自己不能靠父母之后，依然坚持靠自己。

—— 1 ——

我认识一位作者，一个月前突然患病，急需做手术，所以就在自己的公众号里向读者募捐。作者群的朋友也都热心捐款并帮忙转发捐款链接。大家都以为手术费是几十万元，要不怎么至于大动干戈地搞募捐呢?

后来听说原来费用只要两万多元，人们很奇怪地问："才要两万多元，家里连这点钱都拿不出来?"

我想说，有的人真的拿不出来两万块钱，尤其对于很多农村家庭来说两万块钱就是一笔巨款。

我刚开始上大学的时候，就只带了两万块钱，这是我家全部的积蓄，后来几年全靠奖学金、助学贷款和勤工俭学支撑下来。

没有经历过缺钱的日子，是体会不到没钱的人生有多么尴尬的。

出国一直都是我的梦想，每次收到关于出国交流的邮件，我都会先看看费用是多少，自己估算一下，超过两万元的我就把邮件删掉，因为我真的去不起。

即使我的成绩在班级排名第一，保研去更好的学校深造也完全不成问题，但我还是得直接去工作，因为我太缺钱啊。

有个朋友要出国读研，听他说费用是三十万元。天啊！让我砸锅卖铁，再把我家的破房子卖了，我也凑不出这三十万元啊。

所以说，缺钱是一件多么痛苦的事情啊！没钱，会使生病的家人无法得到救治，使学子的求学之路困难重重，使年轻向上的梦想折翼，无法向更高的地方飞翔。

— 2 —

我曾经发了一条朋友圈状态，问微信里的朋友在北京租房贵不贵、难不难？

答案出奇地一致，都是又贵又难！

大三快结束的时候，我准备在暑期找一个实习岗位，刚好认识的一位学姐在北京的某知名公关公司工作，他们公司正在招实习生，于是我就去找她咨询了一下。

没想到第一个问题就把我难住了——去北京实习要自己找房子。像我这种在二线城市读大学的人，如果想去北上广深实习（一般实习期要求是三个月），实习的时间可能会和大四的课程安排有冲突，而且还要面临租房难等各种各样的现实问题。所以，即使我有能力申请到去大城市的大公司实习的资格，也不一定去得起。

有位同学和我说，她曾经在北京实习，为了方便上班，不得已租了公司附近一间月租三千多块的房子，三个月房租就花了一万块。对我来说，这真的是太贵了。我的银行卡总计就一万五千块钱的存款，下学期还要交学费和生活费，能支撑我上完大四就不错了。虽然不同地段房租的费用也不同，但是大城市确实是闭着眼睛都得花钱的地方。

有个在北京读书的好朋友看到我发的朋友圈状态，发微信跟我说："我暑假不回家，你可以过来和我住。"我一点都没有和他客气，直接说："真的吗？能省钱的事情我一定不怕麻烦你的。"

还有个学弟跟我说："学长，我在北京的朋友多，要不要帮你问问租房的问题？"我开玩笑式地回复他："你顺便问问他们喜不喜欢可爱帅气的小男生，没错，就是我，我可以考虑被'包养'。"

每一个玩笑的背后都是两眼泪汪汪的无奈啊。

— 3 —

我在自己发的朋友圈状态下面感慨了一句："看来我得开始攒钱付房租了。"

有个朋友回复我说："真是自立自强的好孩子啊。"

我叹了口气，满脸苦笑，回复他说："哈哈，其实我也想靠父母啊！"

是啊，如果我父母有能力为我创造更轻松的人生，那么我也想靠父母啊。人一辈子就活三万多天，谁愿意因为没钱、没地位活得那么辛苦？

年轻人就是要奋斗，他们如是说。

也许我们辛苦一辈子也买不起北京二环一个厕所大的房子，即使是这样我们也要挤破头融入北上广深，在不属于我们的钢筋水泥的大城市谋求一张可以睡得安稳的床。

年轻人就是要坚持，他们如是说。

我们没钱，吃不饱饭，交不起房租，即使是这样我们也要硬撑，把流到嘴边的眼泪当成自给自足的盐。

年轻人就是要吃苦，他们如是说。

我们因为没有过硬的家世背景而饱受排挤之苦，即使是这样我们也只能忍气吞声，不敢怒也不敢言。毕竟世界那么大，出去看看需要的还是钱。

我不是在埋怨父母没有能力，也不是在自暴自弃。

因为我知道父母是多少钱也买不来的精神支柱，我也知道有的人终究是要靠自己的努力奋斗才能养活自己的。可是喝完所有自我慰藉的鸡汤，剩下的骨头才是我们最终要面对的现实。

只靠自己单枪匹马在生活的战场里征战，是一不小心就会阵亡的。

因为你不能靠父母，只能靠自己啊。可是，再自立自强的年轻人也会因为独自面对现实的残酷和冰冷而掩面痛哭，我们也想有人能够在自己最无助的时候拉我们一把，我们不是超级英雄，生而为人，请允许我们偶尔软弱。

所有人都在叫你飞得更高，却没有人关心你的无助；你缺乏风的助力，飞得越高就会越累。

一群不缺钱的人活得安安稳稳，鼓吹要追求诗和远方的田野，嚷嚷着追求稳定就该被千夫所指，可是我们还要先赚钱才能活过眼前的苟且。

努力着、无奈着、辛酸着，有时候我会想：如果我的人生也能靠父母，可以少面对多少坎坷和曲折。

但是，毕竟多数人的成长过程会充满着或多或少的辛酸与苦难，苦难就是苦难，又苦又难。

我不是埋怨父母没能架设好一个能够让我惶惶度日、坐吃等死的人生，只是当我们能力足够，却因为经济问题不得不放弃自己的追求和机会时，难免会感到心酸。

很多人和我一样，艰苦地奋斗着，艰难地挣扎着，但我们也只能靠自己。

罗曼·罗兰说过一句话："世上只有一种英雄主义，那就是在认清生活真相之后，依然热爱生活。"

我想说，还有一种英雄主义，那就是在认清自己不能靠父母之后，依然坚持靠自己。

毕竟，你别无选择。

大学新生"排雷"指南

结交优秀的人很重要，让自己优秀更重要。

— 1 —

电影《楚门的世界》讲述了这样一个故事：

主人公楚门从小到大的生活一直都顺风顺水、幸福美满，可实际上，他从出生开始就是一部热门肥皂剧的主人公，他经历的所有事都是虚假的，他的亲人和朋友也全都是演员，但他本人对此却一无所知。知道真相后的楚门费尽千辛万苦想逃离这个虚假的世界，逃到最后却发现，自己生活在一个巨大的摄影棚里，甚至连天空都是假的。

我回想起十几年的学生生涯，竟然在自己的身上看到了些许楚门的影子：很少有老师和家长会把现实的遮羞布扯开，给你看看真实的世界是什么模样。

最典型的一个"白色谎言"就是，好好读书，考上了大学，你就轻松了！

多少人不是误信了这个"白色谎言"，怀着挣脱高考的牢笼、重获新生的期待走入的大学？

多少人不是因为听信"上大学就轻松了"，荒废了人生中最为关键的四年，输在了走入社会的起跑线上？

考上大学之后你该怎么办？你该以怎样的心态、怎样的方式去过好自己的大学生活？

没有人会告诉你这些问题的答案。

作为一个在大学里除了性经历以外其他经历都算丰富的老学长，我有必要站出来说点真话，帮助你排除一些"雷区"，愿刚刚走入大学的你，少走弯路。

— 2 —

为什么听过很多道理，依然过不好这一生？——因为你根本没有好好听！

为什么大学里学的东西，到了社会上毫无用处？——因为你根本没好好学！

大学课本里的理论知识有没有用？——当然有用，很有用。你明明一无所知，面对浩如烟海的知识却不屑一顾，你不失败谁失败？

很多人说："学高等数学有什么用？到菜市场买菜，你学的线性代数和概率论能用上吗？"

我想对这些人说："对不起，我努力学线性代数和概率论就是为了以后不需要在菜市场为了一两块钱和人争得面红耳赤。"

我更愿意将"有用的学习"定义为一种思维方式的培养，而不是死记硬背枯燥无味的数学公式。

每一次的热点事件，先别着急站队看热闹，动脑子想想：这件事适不适合借势传播（抓热点）？抓哪个角度会比较新颖（营销中的"差异化"）？哪个角度最具备传播力（大众的需求是什么）？

具备逻辑思维能力的人，才更懂得如何从一堆毫无章法的数据里抓取别人看不到的规律，才更懂得比别人多跨一步，从事件的表面去思考事件背后的逻辑。

虽然读过再多书，也没有多少人能把书中的词句倒背如流，但读书多的人和读书少的人，总是有一种无法言喻的差距，这种差距就是"气质"。

学习不是盲目的、机械的，关键在于是否善于学习、勤于学习。

知识让人更理性，通俗地说就是知识让你看起来没那么傻。

— 3 —

很多大学新生都误以为成绩不重要，能力更重要。

他们以为的能力，就是抱着"锻炼能力""拓宽人脉"的心态，花大量的时间混迹于各种学生社团之间，梦想着有朝一日成为学生会主席，顶着响当当的名号收获一群学弟学妹的崇拜，幻想着毕业后靠自己在学生组织中的光辉事迹就能被世界500强争抢。

这种想法真是痴人说梦、大错特错。

首先，成绩很重要。如果我说成绩是大学里第一重要的东西，相信任何一个上过大学的人都不会反驳。

大学里成绩的高低，决定了你四年后对自己的未来有多少选择：保送研究生，基本靠成绩；出国，也要看成绩，尤其是英语成绩；找工作，绝大多数企业在简历最前面就要你填成绩排名，虽说不是决定因素，但要是排在50%以后，你敢说你不心虚？

毕业季，成绩好的人就相当于手握一张王牌，保研、出国、工作，哪条路都会有极大的优势，压力小很多。要是成绩不好，往高了走，成绩门槛达不到，往低了走，壮志难酬，不甘心，这和高考分数低就会大大限制选择权是一样的道理。

为什么现在鲜有人再提起"高分低能"这个词语？因为我们渐渐发现，高分往往意味着高能，至少取得高分的人学习能力不会太差。学习能力可能不决定起跑线，但是决定了你起跑后的速度。

其次，对于令很多大学新生都趋之若鹜的学生社团，一言以蔽之：学生工作的经验确实有用，但没有你想象得那么有用。在大学里，锻炼能力的方式和渠道有很多，学生工作只是其中的一种，要有侧重，明确对你最重要的事情是什么，再合理分配时间。

作为一个在大学做了三年学生工作并且做过学生会主席的人，我用三年的学生工作经历送给新生一句话：如果时间允许，你应该去尝试加入一个社团、一个学生组织或者其他团体，这对于寻找归属感、培养交际能力和为提前进入社会做准备都有一定好处。

　　但是你一定要掌握几个"度"：第一，参加社团和学生组织的数量不要过多，最多两个，因为学生社团的工作性质其实都大同小异；第二，不要抱有过多的期望，大学的学生组织没有你想象得那么有发言权，所以给你施展拳脚的机会也不会太多；第三，付出的时间不要过多，学生干部的身份在应聘的时候确实是一种优势，我建议你要有，但是不建议你为了争一个所谓的部长、主席的名头耗尽心力，本末倒置。

　　你做过什么比你是什么更重要。拿我当初实习的经历来说，大多数企业对我曾经是学生会主席的经历并不感兴趣，但是对我一个人做起来微信公众号的经历却很感兴趣，因为学生会主席常有，而同是学生会主席又是小"网红"的人不常有。

　　我不是建议所有人都要赶潮流做"网红"，我当初尝试新媒体，也不是想做"网红"，而是主要有三个原因：第一是我喜欢，第二是与我的专业相关，第三是我还算擅长写字。

　　这三点浓缩成三句话，套用到每个人身上都适用：找准兴趣、找准方向、找准长处。至于如何找准这三点？切记一定不要盲目，方法很简单，少问问题多尝试。

最后，对于那种乐于花时间参加各种聚会以"拓宽人脉"的大学生，我觉得他们完全是想太多了，自己都还不够优秀，还指望参加几个社团就能拓宽人脉资源？

结交优秀的人很重要，让自己优秀更重要。很会交际不等于人脉很广，最多叫"你认识的人还挺多"，可别人不一定想和你有什么"人脉关系"。

大学可能是你人生中最后一段单纯时光了，如果看谁脸上都写着"人脉"两个字，那一定是交不到真心朋友的。

— 4 —

为什么很多人觉得大学比高中还累？大学明明更自由，空余时间更多，为什么上了大学之后，反而觉得有忙不完的事情？

出现上述情况，一般是以下几个原因：

第一，你的能力无法承载你的野心。

认识一个哥们儿，刚上大学时就参加了三个社团，由于态度积极，还被辅导员力荐为班长。在时间被高度挤压的情况下，他还立志要通过保研进入排名第二的大学继续念研究生。当然大学那么适合谈恋爱，凭借傲人的胸肌（我猜的），军训期间他就光荣脱单，羡煞一众单身男。

一天只有24小时，他怎么分配得过来？天赋异禀另当别论，可他既没有天赋，又没有异禀，徒有野心，空有抱负，学生工作没做好，成绩一落千丈，女朋友嘛，没多久也和他分手了。

这样的例子，在大学里数不胜数。包括我自己，大一时也是疯狂参加各种活动，大二才意识到成绩的重要性，好在悬崖勒马、及时回头，把更多的时间花在学习专业知识和自己擅长的领域上（比如学不好会计，我就专注于学营销，在营销系发掘出自己的兴趣和特长所在）。

能力不够，还总觉得自己很厉害，什么都想要，这是不是很多年轻人的通病？

第二，用"什么都尝试"的表象来掩饰自己内心毫无方向，也从不做规划的乱象，呈现出一种"瞎忙却不知道在忙什么"的状态。

我就深受其害。大一从来没有思考过自己未来要做什么，从来不做规划，像大多数积极热心的大学生一样忙里忙外，看似勤奋向上，实则浪费时间，收获少之又少。

我特别佩服那些很早就知道自己想要做什么的人。有的人一开始就知道自己想出国，所以早早就准备起了托福和雅思；有的人上大学就是为了读研究生，所以深知自己最重要的任务就是学习，其他事情都暂且靠边；也有的人上大学就是为了打游戏、谈恋爱，我挺佩服并且羡慕那种随心所欲、不用努力的人，不过我这样的穷人家的孩子不努力就没有想要的人生，所以还是辛苦一点吧。

有一个方向，便不至于走得太歪，永远知道自己该忙哪些事情，才能让收益最大化。

所以大声说三遍：给自己做规划！做规划！做规划！

我很想告诉你怎么做规划，可职业规划和心理疏导我都不擅长，就不班门弄斧了。但你也别像个什么都不懂的小学生一样只知道问，百度一下，有的是你看不完的书单。关键是你肯不肯花时间看，看完肯不肯动脑子思考，思考完肯不肯花精力执行。最后能够学到多少知识，在于你自己的用心程度而不在于你读过的任何一篇文章。

大学老师可能唯一说对的话就是，自学能力很重要。

所谓的天赋，只不过是义无反顾

—— 5 ——

大学里谎言无处不在，"雷区"也很多，踩到过才明白，后悔过才懂得，原来很多错误都是动动脑子就可以避免的。

可惜年轻的我们都太热血，被兴奋冲昏了头脑，很难静下心来理性思考。再加上老师、家长都觉得考上大学就万事大吉了，没有太多人给我们指导，容易迷茫，容易走弯路。

看过很多鸡汤，深信不疑的只有一句：好好学习，天天向上！

别总让我在该谈情说爱的时候加班

在我看来，既然决定要做一份工作，那就一定要保持足够的热爱，不热爱工作的人很难做好工作。

扫盲："996"工作制是指工作日一天的工作时间是从早9点到晚9点，一周工作6天，且没有任何的补贴。公司要求员工要按照"996"工作制来加班，而且公司不会给任何补偿，比如说加班餐、晚上回家打车的补贴。

出处：一些互联网公司的人力资源部以口头通知，要求员工实行"996"工作制，不能请假，并且没有任何补贴和加班费。

— 1 —

学生时代，我以为职场会是这样一种状态：朝九晚五，下班以后大把的时间用来见朋友、谈恋爱和进行其他各种各样的娱乐活动，最重要的是再也不用写课后作业了！

可是我错了，原来比课后作业更占用生活时间的一种东西，叫加班。

实际上，我本人是不反感加班的。我曾经在一家房地产企业实习过，房地产这个行业，竞争激烈，压力很大，确实忙，不忙就很难出业绩，于是加班和单身都早已成了一种"地产特色"……

即便我只是一个实习生，也要经常加班。但我从来没有抱怨，原因在于我们公司的加班并不是强制性的。时间安排和个人效率有很大关系，偶尔要搞个什么大新闻，集体加班其实还挺能促进公司内部团结的。

但是，即使是我这种很少抱怨加班的人，在听到"996"时也忍不住要暴跳如雷、揭竿起义了。

— 2 —

好公司应该给员工多留一点属于自己的时间。

如果你在一家实施"996"上班制度的公司工作，就意味着你的工作和生活将会高度重叠，你几乎不会再有私人生活：没时间谈恋爱，没时间陪家人，没时间培养业余爱好，没时间享受生活……

在我看来，既然决定要做一份工作，那就一定要保持足够的热爱，不热爱工作的人很难做好工作。

但是，我们首先是一个人，其次才是一名员工。一个人应该要比热爱工作还热爱自己的生活，好好工作的最终目的一定是为了好好生活，而不是让工作成为生活的全部。

"996"上班制度是反人性的，讽刺的是，实行"996"上班制度的反而是那些正在研究如何才能更好地满足人性需求的互联网公司。

为什么我说好公司应该给员工多留一点私人时间？因为谈恋爱其实是刚需（即刚性需求，指在商品供求关系中受价格影响较小的需求）！一个情感压抑的员工如何好好工作？

而这里的私人时间，当然不仅指性生活，还指员工的私人空间和工作以外的喘息时间。

— 3 —

"996"上班制度的重点不在于"996"，为了完成工作偶尔"996"是无可厚非的，但是如果你想强制我天天"996"，又不愿意给我应有的回报，这简直是剥削。

"996"上班制度是自私的，公司要求员工要按照"996"工作制来加班，而且公司不会给任何补偿，包括加班餐、晚上打车补贴，只要求员工比别人多付出，却不给员工多付出的那部分应有的补偿，凭什么把别人的生命消耗看得如此理所当然？

热爱工作不等于把时间都投入到工作，如果你想要我这样做，请为我花费的更多时间付费。

我想对所有喜欢用情怀绑架员工的企业说："情怀让人充满斗志，可是钱才能让人心甘情愿。"

更何况，强加的口号怎么能称作情怀？情怀说这锅太重，它背不动！我们的情怀是工作之余能有时间全身心放松，和家人一起享受生活，是带着父母来一场说走就走的旅行，而不是朝九晚九、一周六天趴在办公桌前把肚子养得肥肥的。

让员工有钱地忙碌着、有钱地工作着、有钱地活着，才能让员工有斗志地干着。

— 4 —

只有让员工发自内心地喜欢去上班，才能让员工对工作负责、对企业忠诚。

而"996"上班制度，无疑让员工对公司敬而远之，内心产生对公司的恐惧和抵触，毕竟一到公司就要干12个小时的活啊！简直不让人活。

不和员工谈钱，就别怪员工不和你谈情。

前几天，我去参加一个企业宣讲会，宣讲的HR说了一句话，我印象非常非常深刻，深刻到让我立马就放弃了这家公司。他说："我们是创业公司，选人有一个原则：只要是刚来应聘就和我谈工资的，一律不收。

"因为这样的人，只看重钱，对公司不会忠诚，只要别家给他更高的工资，他很容易就会被挖走了。我们要的是能一起为公司的愿景奋斗的员工。"

贵公司的愿景是什么？是招到更多的廉价劳动力吗？如果我不和你谈钱，那你也不要和我谈能力了，我去贵公司混吃等死你愿意吗？

聪明的公司都会用尽量高的薪水和福利来招揽人才，因为聪明人寻求的永远是高薪水、好福利，而不是没日没夜的加班。

不要把无爹可拼当成你失败的理由

进一寸有一寸的喜悦，至少努力让下一辈能少受一点苦、
少留一点汗、少爬一点坡。

— 1 —

强台风"鲇鱼"在福建登陆的前几个小时，我正好结束了两
家企业的面试，马不停蹄地上了动车，赶往另一家企业去面试。
一天赶三场面试，第二天接着赶，投简历、参加宣讲会、笔试、
面试……

校招季，我放弃了全系第一的保研资格，光荣地成为一名四
处奔波的失业者。很多朋友劝我读研，因为我成绩有优势，可以
被保研到更好的学校。但我想得很清楚，毕业就参加工作，抓紧
赚钱，还助学贷款，养家糊口。如果再向家里伸手几年，且不说

家里负担重，就怕家里的老人等不到我拿钱回家的那一天就提前离开人世了。

暑期在一家企业实习，领导和我说："只要你愿意，就可以留下来，好好把握这个机会。如果家里没什么关系，要想完全靠自己找到一份好工作，还是挺难的。"

我嘴上答应着，其实心里不以为然，因为我觉得凭自己的能力，找份好工作并不是件难事，我一直相信能力才是第一敲门砖，因此我放弃了暑期实习的留用机会，想通过校招去一线城市发展。

可我还真没想到，要靠投简历找份好工作，真不是件容易的事。

— 2 —

拿我经历过的几场宣讲会来说，一家本地的房地产企业，在全国十几个高校举办宣讲会，光是在我们学校，几百人的大厅就座无虚席，门边黑压压一片全是没有抢到座位的学生。

而这家企业今年在全国只招收不到80个应届生。

像华为这种龙头企业更是不必多说，只要是想找工作的大学生都会去试一试。总体来看，这几年大学生的就业形势依旧甚至更加严峻，僧多粥少，互联网三巨头BAT从去年开始就已经发出"缩招"信号。我去参加面试的企业里，有一家是排名全球前五的快消巨头。这家企业今年的管培生项目招聘人数比起去年缩减了整整一半。

有些岗位，全国范围内只招收个位数，这才是真正的千军万马过独木桥，比高考还残酷。

找不到工作不是你不优秀，而是岗位根本就不够。

就业季，整个校园都弥漫着焦虑不安的气息，我也很难淡定，无法免俗地站在最焦虑的那一梯队。对于像我这种一穷二白，只能靠双手打拼的人来说，找不到工作的后果更是无法想象：家里给不了在外发展的你任何金钱和人脉上的支持，一旦没有收入来源，怎么吃饭？怎么养家？怎么还贷？怎么发展？

每一个问号担在肩上，都是巨大的不确定性。

—3—

我身边有很多家庭条件尚可的同学也在为找工作的事情烦躁，

虽然父母能够给予一定支持，但实际上远远不够。买房，成家生子，给父母养老，给自己养老，想要活得好一点，哪个不需要投入巨大的成本？家庭环境一般的同学，父母在经济上能够给予的支持很少。

我一直很羡慕身边有钱的人，不仅羡慕他们的钱，更羡慕他们不会因为没钱而产生各种各样的烦恼。因为家庭环境的不同，人生选择的差异就很大。虽然年轻的我们都是一无所有，可至少有钱人家的孩子不至于像我们找工作那么紧迫，那么急于求成。

我身边的一个同学，在我四处奔波投简历找实习机会的时候，他就拿到了好几家知名银行的offer（录取通知），大家都说他是靠家人的关系获得的内推资格，找个工作根本用不着自己费心。当然，这都是大家的猜测，我们不能因为这些猜测而为自己的失败找借口。

人生这张试卷上，有的人只有判断题，答案只有"是"或者"否"，而有的人却有更多的选择机会，家庭条件优越的确能帮他们减轻很大的压力。但是我依然相信真正能够让一个人成功的只有他自己的努力，家庭条件仅仅是一个辅助而已。

—— 4 ——

问：如果你的月薪为5000元，5年内如何在北京买房？

答：你只需要坚持奋斗5年，存够20万，爸妈再出480万就可以买了。

刚工作的年轻人，现在想要在大城市买房几乎成了一件不可能的事，动辄每平方米10万元、每平方米8万元、每平方米6万元的天价，平民百姓哪能承担得起？在北上广深打工的年轻人无一不笼罩在房价的阴影中，如果你还没体会过这种绝望的滋味，那一定是因为你很少关注中国的房市。

深圳6平方米88万元的"鸽笼房"被抢购一空的新闻，再次让我们这些一直想去大城市发展的年轻人感到前途无望。不是说一定要一根筋地吊死在大城市买房，房子很重要，更重要的是你在一个城市的资源、机会、前景、人脉，这些都和你能否在这个城市安家紧密相关，而高昂的房价让人看不到希望，没有希望才是最恐怖的事情。

知乎某网友曾谈到，北京的高房价甚至让很多核心技术人才都不堪重负，接连出逃。

我问过一位总工程师："你们这些年来最大的竞争对手是谁？"

他说："北京××研究所。其他的几个厂都太老了，连产品都做不出来。"

"那现在北京这家发展得怎么样了？"

"技术跟不上需求了，比我们落后，我就是从那家研究所出来，到这里来的。"

"为什么他们不行了？"

"人才流失严重。"

"为什么？"问到这儿的时候，我本以为他会说是自己把技术人员都带走了。

结果他说："北京房价太高，受不了，好多人都走了。"

又一名知乎网友说得好："住房不是刚需，但是住房与户口捆绑的时候，住房就是刚需；户口不是刚需，但是户口与教育捆绑的时候，户口就是刚需。"

你问我住房是不是刚需，我可以明确地告诉你：不是，真正的刚需是教育！但是我这样回答你们肯定不高兴。

二三线城市的情况就会好吗？并不是。2016年整个中国的房价，都呈现出一种"癫狂"地疯涨状态，各地"地王"频出，"地王"这个词隔几天就会霸占一次头条，一次次刷新历史。

所有的探讨都要基于"得到更好的生活"才有意义，如果想随便找个工作混吃等死、住在老一辈的屋檐下过平庸的生活也无可厚非，只是并非所有人都想过这样的日子。纵然现实残酷得让人心生怨念，让人产生畏惧和退缩之感，可有些人还是成功了，还是过上了他们理想的人生。他们当中有些人和我们一样，出身平民百姓之家，没有钱也没有背景。这让我们再也没有借口去喊现实人生有多苦，只能回头审视自己，哪里出了问题。

也许因为家境不好，有的人只能成功得相对较慢，但进一寸有一寸的喜悦，至少努力让下一辈能少受一点苦、少留一点汗、少爬一点坡。

虽然有太多的人因为家境不好、环境恶劣而失去了很多发展的机会，可那些成功的人无时无刻不在用他们成功的事例提醒我们，决定一个人成败的并不是家境，而是他自己的能力，他对成功的欲望。环境会影响一个人一阵子，而他自己真的不想拼、不想闯才会影响他一辈子。

你讨厌很多很多事，你看不惯很多很多人，

所以你只有赚很多很多钱，

才能去得起你想去的地方，

过得起你想要的生活。

第二章

孤独的人生，唯有披甲上阵

老朋友，我为什么不愿意和你见面了

如果要列举几件我人生中最不愿意做的事，

其中一件一定是，和老朋友见面。

—— 1 ——

我的生命中开始出现"朋友"这个概念，是因为初中的时候遇到了大黑。

他是从普通班转到我们提高班来的，成绩并不好，我想应该是靠关系进来的，所以对他一直没什么好感。但是有一点要感谢他，自从他来了我们班之后，我就不再是班上皮肤最黑的那个人了。因为皮肤黑的特点，班上同学还给我们俩取绰号，他叫大黑，我叫二黑。

我是那种下了课永远"钉"在座位上的人，性格沉闷，不会主动搭讪，所以一直和同学们都混得半生不熟，更谈不上有什么朋友。

有天课间，大黑突然要和我比谁更黑。他高度近视，眼睛奇小，边傻笑边指着我说我比他黑，然后各种找话、开玩笑。

我比较内向，就没怎么搭理他，他好像也没觉得尴尬。很奇怪，这次我居然没有生气，反而觉得他很好玩。

于是两个人就这样莫名其妙地认识，又莫名其妙地成了闲着没事就观察对方是不是又黑了的"最佳损友"。

初中的时候，由于受大黑的影响，我爱上看奇幻小说。当时有一本奇幻杂志一周出一本，我们就一人买一次，交换着看。我还时常把我"创作"的小说拿给他看，他经常能猜出我写的蹩脚故事的结局，然后无情地嘲笑我。

那时候我情商还很低，为人处世非常不成熟，经常以自我为中心，不懂什么叫作说话之道，所以常常和同学闹矛盾。大黑反而性格幽默、脾气温和，很受欢迎。

有一次我不知道第几次和班上某同学冷战，互相看不顺眼，大黑就悄悄在我桌子里面塞了一本卡耐基写的《人性的弱点》，留下张纸条：看看这本书，学学怎么说话做人，以后少和人吵架。他很少直接发泄情绪，对我的关心也是用一种很低调、很委婉的方式表达。

后来我问他，我们俩明明一点都不熟，当时他为什么要跑来和我比黑。他说，因为他看上了我同桌，又不好意思主动和喜欢的女生搭讪，所以就拿我来声东击西……

—2—

升高中的时候，我去了很远的省城，大黑留在市里。那时候还流行写同学录，我就给他写了句"勿忘我，常联系"，并认真地签下了自己练了许久的签名。

只是没想到，我们后来的谈话都是以"常联系"结束的，但实际上联系的次数却寥寥无几。

　　和大黑的生活交集越来越少，两个人能够感同身受的事情也越来越少。我们在电话里诉说着各自的新生活，努力和对方描绘那些不曾一起经历的时光，却想让彼此都体会到和自己一样的心情。身边也都慢慢出现了其他可以分享的人，电话越来越少，偶尔发短信，也都离不开几个固定句式。

　　高一寒假回家，我和大黑去逛初中的老校区。他问我，上了高中是不是还像以前一样不爱和别人说话？我一时不知道说什么，笑了笑回答说："当然还是一样，性格哪有那么容易改变。"

　　其实，上了高中以后我变得很活泼，极端自我的性格也改了不少，可能是得益于大黑给我看的那些教人如何处事的鸡汤书吧。
　　可是我不知道怎么在这个老朋友面前表现出不一样的我，我们都习惯了对方以前的样子，只是我们都不再是以前的样子了。

　　上了大学，我去了厦门，大黑去了河北，南北相望，隔得更远。假期的几次见面，都在没话找话中散去。
　　我仍然珍重这个老朋友。只是，地理位置上的距离再远，也没有我们心里的距离远。

— 3 —

两个好朋友关系深厚到一定程度时，是可以让所有的"人际交往学"理论都不再成立的。在别人面前，我全副武装，处处小心；在你面前，我卸下心防，无所忌惮。

我骂你之前从来不需要先夸你，因为你一定知道我们的友情不需要拐弯抹角，我的每一句指责和批评都源自真心，是为了骂醒你，给予安慰，指明方向。

我们可以把任何一件小事都变成畅谈两个小时的话题，从不觉得啰嗦，也可以待在一起一言不发、各忙各的，从不觉得尴尬。和你在一起的时候，无论哪一种状态都是舒服的状态，不需要刻意，不需要敷衍。

可是，恰恰是因为我们曾经对彼此过于了解，现在却对彼此的圈子一无所知，这种落差让我们之间的相处变得越来越刻意。

刻意去联系，刻意去找话题，甚至刻意去关心。我们都心知肚明，以前那种朋友的感觉已经找不回来了，只有残存的回忆苦苦支撑偶尔的联系和寒暄。

我们和不熟悉的人相处，需要时常"应付"，努力去找话题，开着一些为了不让气氛冻结的玩笑。即使感觉到尴尬，也仅仅只是尴尬，我们不会再有其他的感觉。

当我们和老朋友相处也开始变得需要应付的时候，产生的感觉既尴尬又难受。

所以，我越来越不愿意和老朋友见面了，不是甘愿放弃和老朋友的感情，而是不想面对一群最熟悉的面孔，心中却满是物是人非的酸楚。

我们必须学会接受，有的人注定只能陪伴我们走完人生中的某一程，即使彼此曾经承诺对方友情会天长地久，如果长时间不联系，最后也会渐行渐远。但是只要回忆依旧能够让人感动，就足够值得庆幸。

　　感谢曾经出现在我生命中的每一位朋友,我不曾忘记那一段因为有你而如此美妙的青春。希望你想哭泣的时候都有人安慰,想欢笑的时候都有人分享,想喝酒的时候都有人陪伴。

　　即使那个人不再是我,我也愿意在你看不到的远方,为你举杯。

二十几岁的年纪应该先脱单还是先脱贫

你讨厌很多很多事，你看不惯很多很多人，所以你只有赚很多很多钱，

才能去得起你想去的地方，过得起你想要的生活。

前几天我在公众号发了一条广告，之后收到这样几条评论：

"天哪，你竟然发广告，好恶心！取（消）关（注）！"

"你变了，你不是以前的李小狼了，你也和那些三流的公众号一样发广告了，我要取（消）关（注）你了。"

"你还是没能免俗，终究开始为了钱而发广告骚扰人了。"

我看到感觉挺伤心的。

这个广告其实是经过我精挑细选、做过调查才决定接的。

之所以接这个广告，是因为我的手机短信功能故障一年多了，一直不能发短信，但为了省钱，硬是凑合着用了三年……最近我要去实习，怕影响工作，于是决定换个手机，又不想向家里人开口，所以就靠自己发广告赚钱咯。

我真不知道那几个读者是怎么想的，难道写字的人就不食人间烟火吗？不需要花钱就能吃饱穿暖吗？光明正大地赚钱怎么就成了一种可耻的行为了？

只要是正当的手段，谁不想多赚点钱改善生活呢？
难道只靠崇高的情怀就能付清房子的首付吗？
难道只靠满满的关心就能给爸妈买按摩椅吗？
难道只靠朴实无华的爱就能为心爱的姑娘披上婚纱，牵着她走进教堂吗？
答案是"NO"！一切的一切都需要钱！

没钱不一定不好，但是有钱一定能在某种程度上，让你过得更好。至少，有钱能让你免除没钱的烦恼。

— 1 —

钱是生存的基础。

先有能力生存，才能谈生活，生存的基础是物质基础，是钱。

马斯洛理论把需求分成生理需求（Physiological needs）、安全需求（Safety needs）、爱和归属感（Love and belonging）、尊重（Esteem）和自我实现（Self-actualization）五类，简单说来，其实就是吃喝拉撒睡。

吃好、喝好、睡好，哪个不需要钱？就是上厕所都得有钱，这样你才能坐得起高档马桶，舒舒服服的，而不是捏紧鼻孔去忍耐臭气熏天的茅坑……

基本的生理需求满足了，再谈安全、情感、尊重、社交、自我实现这些更高层次的需求才有意义。

你想去上流社会举办的social club（社交俱乐部）吗？至少你得买得起一件像样的礼服吧。

以前读陶渊明的《晋书陶潜传》，里面写"吾不能为五斗米折腰，拳拳事乡里小人邪"，我为他的精神动容；后来再读到杜甫的

《自京赴奉先县咏怀五百字》里面的诗句，句句戳心："朱门酒肉臭，路有冻死骨！""入门闻号咷，幼子饥已卒！""所愧为人父，无食致夭折！"……因为穷，让自己的孩子被活活饿死。

当杜甫声泪俱下、号咷大哭的时候，如果能有五斗米摆在他面前，我想他会先收下吧，先吃饱，先活着，饿着肚子的控诉再撕心裂肺也是苍白无力的。

不要跟我说时代不同了，你怎么能拿千年前的时代和现在比？

千年前没钱你买不起米，千年后没钱你买不起房，在我看来没有什么不同，本质都是物质匮乏、生活窘迫。穷还是穷，不会因为时代文明的发展而发生质的转变。

有人问：二十几岁应该先脱单还是先脱贫？

如果你年轻且穷，脱单只会让你更穷，现代人的恋爱不花钱是不现实的，别被《裸婚时代》洗脑了。

你还没脱贫，就整天想着脱单，在我看来是可笑、可耻、可悲的，因为承担责任不能只靠你的肩膀，还得靠你挣钱的能力。

— 2 —

钱能带来安全感。

前段时间微博有个话题特别火：大四女生带着刚出生几个月的孩子一起毕业。大学时生完孩子，以后找工作就不用担心受产假的影响了……我隔着屏幕看他们一家三口的照片，幸福的笑容都快溢出来了。

可如果没有物质基础，多少人能那么洒脱地去追求这种幸福呢？

没钱，别说大学没毕业就结婚、生孩子了，杜蕾斯都得挑打折的时候买……有钱当然可以解决结婚、养孩子、买房子等一系列问题。遇到真爱就结婚，有钱才能如此任性。

谈恋爱的时候若是没钱，双方都很容易产生不安全感，会对未来产生强烈的不确定感，会胡思乱想、唉声叹气、摇摆不定。

爱是真的爱，可没钱也是真的没钱，海誓山盟的保鲜期能有多久，不还得看你买得起多贵的保鲜膜吗？

对于很多像我一样出身农村的孩子，安全感更是稀缺资源。

我银行卡里现在总共就有一万块钱，是我全部的家当，家里再也给不了更多的了。

这一万块钱我将用于剩下一年的大学生活，而我还需要找工作、在社会摸爬滚打，当然我也还会继续努力靠自己赚钱，但是我能拿着区区一万块钱假惺惺地告诉你我很有安全感，我对未来很有信心吗？不能！

没钱，所以我整天提心吊胆的，要是家里面突然发生点什么需要用钱的事情，真的是走投无路。

我以前和朋友开玩笑说："你知道'穷且益坚'是什么意思吗？其实是说，穷人就要好好锻炼身体！既然买不起药、看不起病，就得让自己强壮起来！"

然后笑着笑着，我就哭了。

经历过贫穷的人，安全感匮乏。

所以他们很难对周围的人和事产生信任，总害怕别人有什么企图，活得小心翼翼、提心吊胆、草木皆兵，所以穷人家的孩子大多性格内向，极度自卑，缺乏自信。

没钱导致的负面影响是连锁反应，根本停不下来……

— 3 —

钱能培养格局。

确切地说，在一定的物质基础和经济实力之上，更容易培养出视野宽广、善于思考、观念先进的人。

作为一个纯天然的穷人，接下来要说的话，我自己都感到很揪心。可现实不会因为你穷，就对你少一些刻薄。

相反，穷会让你不得不面对更多刻薄的现实。

人穷志短，人的处境困厄，志向也就小了。

山沟里砍柴的孩子，哪里描绘得出星辰和大海？三餐都不一定能解决的穷娃，哪里有时间去感慨诗和远方的田野？

贫穷容易让一个人的世界变得狭小，生活只能围绕着吃饱穿暖、务农打工、结婚生子来过，然后抚养孩子。他们别无选择，因为贫穷给予他们的格局就是这样，这就是他们全部的世界，这就是他们的整个人生。

贫穷像一道屏障，隔绝了你和更广阔的世界接触的机会。贫穷不仅容易让一个人变得志短，往往还"视短"，没有大局观念，容易着眼于眼前利益，所以有人认为二十岁的女儿读书一点用也没有，赶紧嫁了，换点嫁妆才是正经事。

穷人思维根深蒂固的人，哪里舍得花钱投资自己，哪里敢花钱投资自己！

"考雅思多贵啊，别浪费钱了，算了吧，不考了。"

"化妆品多贵啊，不买了，将就吧，难看就难看点吧。"

"配置好一点的电脑多贵啊，卡就卡点，慢就慢点吧，多等等就好。"

……

因为穷惯了，穷怕了，穷麻木了，便很难让自己增值了。

— 4 —

当然，我不是在让你拜金，也不是在批判穷人。我就是穷人，很穷的穷人。

我体会过贫穷的感觉，我理解贫穷的痛苦，我更同情贫穷的人们，因此我想努力摆脱贫穷，远离贫穷。

所以我一边实习，一边努力写字，我要赚钱啊，要赚很多很多钱，等我有了足够多的钱，才有底气去过我想过的生活。

别羞于谈钱，别认为谈钱是坏事，正当地赚钱不是坏事。

请尊重每一个以正当理由爱钱、赚钱的人所付出的努力。

你讨厌很多很多事，你看不惯很多很多人，所以你只有赚很多很多钱，才能去得起你想去的地方，过得起你想要的生活。

没有选择的时候，努力就是你唯一的选择

这就是选择，这就是生活，没有办法，你不得不选，但是你能把你选择的生活过成什么样，完全取决于你。

你有没有这样的一种感觉：总是害怕自己在做出选择之后，不肯付出足够的努力，过不好自己选择的生活，成不了自己理想的样子。

有一段时间，我迷上了央视的一档综艺，叫《了不起的挑战》。

几位嘉宾在每次节目中都要面临各种不同的选择，根据自己的选择去挑战不同的工作，每次选择的结果都未知而刺激。

运气好，可能这一天就吃大餐、品美酒，享受各种高档服务，轻松地过完这一天；运气不好，就要去下煤矿、当服务生，去悬崖上捡垃圾……

央视的节目从来不缺鸡汤，这锅鸡汤熬得尤其到位。

我们不知道眼前的这条路会给我们带来一个什么样的人生时，我们会很谨慎，怕一失足成千古恨。我们会问爸妈自己以后的生活应该怎么过，可是爸妈希望的不是我喜欢的；再问问自己，到底想要什么，而自己好像并没有那么清晰明白；和朋友讨论，要不要跟跟风，去做大家都认为对的事，可是不能听从自己内心的想法，终究还是不甘心。

更残酷的是，选择也有层次高低之分。当我们处在选择的弱势方，面对的选项会少之又少，由于各种条件的差距，好的选择也与我无缘。

就好像，别人家的孩子都在北大、清华之间犹豫，我还在担忧会不会在这所"985"高校里被调剂专业；毕业后有的同学选择出国深造，有的早早进入四大会计师事务所、BAT成为职场精英，而我还在因为尴尬的学分绩点而担心无法被保送研究生，还在担心自己的简历不够出众，去不了大企业……是要做一条"考研狗"还是随便进家小企业去谋生？我在这两种选择面前苦苦挣扎着。

不断地跟别人去对比，往往会给我们带来很多挫败感。

可是我们为什么要担忧呢？所有人都知道，身在一所二流学校的三流专业并不能阻止我们变得更优秀，选择考研也可以考得很成功，从一个小职员做起也可以闯出一片天。

可当这些烂俗的鸡汤真真切切地在别人身上变为现实的时候，我们还在因为自己没有更好的选择而感到沮丧，感到颓唐。

也许在忙着和别人做对比的时候，我们更应该问自己的是：

选择了一个别人都不看好的专业之后，我是不是能够在这个领域潜心修炼，进而让自己做到优秀？

选择了考研之后，我是不是真的能够做到比别人更耐得住寂寞，更坚持不懈？

选择了一家小企业之后，我是不是能够做到不丧失斗志、不得过且过？

所以，真正令我们感到恐惧的并不是我们在面临选择时所感到的焦虑与不安，也不是害怕别人有比我们更好的选择，而是害怕自己在做出这个选择之后不肯付出足够的努力，过不好自己选择的生活，成不了自己理想中的样子。

任何选择，都只决定了我们在某个阶段的起点，而我们在做出选择之后付诸了怎样的行动，决定了我们所能到达的终点。

要记住，再牛的地方也拯救不了一个懒汉，再 low 的地方也能成就自己的辉煌。

在《了不起的挑战》中，要是嘉宾不幸地选择了一个辛苦的工作，总要遭遇到各种苦不堪言的困难：在悬崖捡垃圾的时候遭遇大雨，在地下煤矿挖煤时累到精神崩溃……有的人会放弃挑战，更多的人却选择一直坚持。

人的一生就是在不断地做不同的选择，选择的过程都是忐忑不安的，结果都是未知的。这就是选择，这就是生活，没有办法，你不得不选，但是你能把你选择的生活过成什么样，完全取决于你。

希望十年后，回想起自己当初选择的一切，我们能够问心无愧地说："嗯，没错，这就是我的选择。"

越自律，活得越高级

归根结底，生活不自律，让我长得越来越丑，越来越没气质，
活得越来越邋遢了。

— 1 —

　　经过认真地自我总结，我发现我做事总是拖延。白天做不完
的事，晚上再加班加点，熬夜到凌晨一两点是家常便饭。即使偶
尔可以在午夜以前躺上床，也会禁不住手机的诱惑，再刷一两个
小时的微信或微博，直到眼睛被手机屏幕的亮光晃得模糊肿胀，
这才意识到自己该睡觉了。早上挣扎着起床，发现脸上又冒出了
一堆挤不完的痘痘，眼袋又丰满了一圈。

　　生活极度不规律，让我二十多岁的脸上早早地挂满了四十多

岁的憔悴。

于是我长得越来越丑了。

我不想再眼睁睁地看着身上的肥肉肆虐地疯长，然后在微信朋友圈立誓言，说自己要么减肥，要么去死。发完数了数点赞数，5分钟30个赞，不错，成功引起了朋友们的注意，马上起床吃个鸡腿加鸡蛋奖励自己一下。

我也曾经心血来潮地去过几次健身房，在健身房跑过十几分钟，举过几次哑铃，做过几个仰卧起坐。"好累啊！"我想，于是从此和健身房诀别了。

因为太懒惰，没有毅力去坚持，所以没有马甲线，没有"A4腰"。

于是我长得越来越丑了。

等我逛完一早上的淘宝，关上电脑准备吃午饭的时候，才发现同事已经把老板交代的任务完成了。心里一紧张，我咬咬牙一跺脚，今天的午饭不吃了，顺便减肥。

同事们看到我的勤奋都竖起了大拇指，可是急急忙忙完成的工作又出错了，所以我又被老板骂了。

看到别人的工资又涨了，我焦虑；看到别人又升职了，我紧张。

心态上的紧张和焦虑，反映到脸上就是整天摆出一副苦大仇深的死人脸，浑身散发着一股浓浓的怨气，让人敬而远之。

于是让我长得越来越丑了。

归根结底，生活不自律，让我长得越来越丑，越来越没气质，活得越来越邋遢了。

— 2 —

要不是和好朋友大奇的对比，我可能对我变丑的反应还不会那么强烈。

他最近谈恋爱了。自从谈了恋爱以后，他不再熬夜看小视频把自己折腾得萎靡不振了，而是早睡早起，天天洗头，还照着吴亦凡的样子做了个发型，每天早上起来以后对着镜子打理十几分钟才出门去见女朋友，看起来精气神十足。

以前总是窝在宿舍打游戏的他，把小肚子养得白白胖胖的。现在竟然买了蛋白粉，开始定期出入健身房，六块腹肌也慢慢呈现了。

说实在的，大奇也不是天生的帅哥坯子，现在看起来竟也有了几分男神的气质。想想以前，我还经常有机会嘲笑他丑，说他天生是那种"注孤生（注定孤独一生）"的一类人。

没有对比就没有伤害，对比起来处处戳中要害。

这个要害，就是我们的生活方式中差了一个"自律"。

是自律，让大奇变得好看了。我羡慕他，我嫉妒他，气得我赶紧又吃了个鸡腿来安慰一下自己。

有一次我故意调侃大奇："自从你谈了恋爱，简直比女生还爱打扮自己了！"

大奇苦笑着回答："都不知道有多少人这样黑过我了。不过，不是因为我谈了恋爱以后才开始打扮自己，而是学会打扮自己以后才谈了恋爱。要是像以前一样随意，不懂得打理自己，哪个女生会眼瞎看上我啊。"

大奇的话像巴掌一样"啪啪"打在我的脸上。

我以为他的一切改变是源于爱情的出现,可是没承想是他生活的自律让他获得了爱情。

—— 3 ——

爱情如此,职场如此,生活也如此,有气质的人,自然会获得更多的优势。

仔细想想"主要看气质"这句话,还是有道理的。

毕竟不是每个人都长得那么好看,并且大多数人还是不会去整容的。而气质可以通过自律的生活方式培养,是每个人都可以做到的。

通常人们对美丑的区分局限在"脸好不好看""胸大不大""腿长不长"这些外在条件上,但我宁愿相信美丑的差距往往在于是否自律,在于一个人是否因为自律的生活方式而带来气质。

如果我稍微自律一点,让自己晚上少玩一会儿手机,养成早睡早起的习惯,那么要让自己变得容光焕发,拥有好气质,对我来说根本不是难事。

如果我稍微自律一点,一星期去三次健身房,每次只去一小时，花的时间不一定比刷朋友圈的时间多，那么控制体重这件事真至于那么困难吗？

如果我稍微自律一点，把开小差的时间都用来检查和完善自己的工作，少犯一点错误，少一点烦心事，气质自然就会有所提升。

人的外表当然和先天条件是有关系的，但是在很大程度上，一个人的外在气质还取决于他用什么样的方式去生活。自律的人，往往也是魅力加身；天生面容再姣好，也会因为生活的不自律而越变越丑。

我很喜欢杨澜说过的一句话，没有人有义务透过你邋遢的外表，去发现你优秀的内在。

可惜大多数人的外表和内在一样邋遢。优秀的内在可能需要长年累月的知识储备和阅历积累，相比较起来，打造一个靓丽的外表要容易得多。内在不够，外在来凑，不是叫你要天生丽质，至少不要因为不自律的生活方式放纵自己，让自己越长越丑。

如果说这是个看脸的世界，那么丑的代价就是失去这个世界。

你不是长得越来越成熟了,
而是活得越来越着急了

心里着急,眼界也会跟着略过事情的本质,落到了最虚幻无用的角落。

— 1 —

我感觉自己愈发苍老了,可是我今年不过二十几岁。

都不用凑到镜子前面仔细打量,我也能清楚地看到连续失眠几个星期之后,脸上留下的"战绩":即使我肤色偏黑,两个大大的黑眼圈也一目了然,时髦的卧蚕像吃多了垃圾食品一般变成了下垂的眼袋,皱起眉头还能看到抬头纹留下的痕迹。随着笔直的腰越来越佝偻,走路时头越来越低,脸上很少会接触到阳光的沐浴,皮肤也变得越来越差,整张脸上像是笼罩了乌压压的愁云,随时会下一场雷鸣电闪的暴雨。

一个朋友说我看起来很沧桑，丝毫没有年轻人的活力，连每天坚持跳广场舞的大妈的气色都比我好。

我反击说："我这是长得越来越成熟了！"

朋友说："你不是长得越来越成熟了，你是活得越来越着急了，长得自然也就越来越着急了。"

不可否认，相由心生，我确实活得太着急了。

— 2 —

我总爱拿自己和别人比较，尤其是爱拿自己的短处和别人的长处比较，爱拿自己的窘境和别人的成功比较，于是越来越急切地想要变得和别人一样好，不切实际地好高骛远，手忙脚乱地无的放矢。

2015年年底，我开始做起了自己的微信公众号，因为不屑成为网络写手，也不敢妄称知名作家，只是想找一个写字的地方，安静地做一个"喜欢写字的人"。幸运的是，一篇文章被某个知名账号发掘，又接着被各个自媒体大V转载，一不小心便聚集了几千个粉丝。后来有几万人关注了我的微信公众号，并顺利成为简书签约作者。在自媒体泛滥的今天,不搞噱头、不炒作,而靠一个人做到这个成绩,已经值得暗自庆幸。

可是自从半只脚踏入自媒体圈以后,认识了太多牛人,我越来越着急了。有一位大神作者一篇文章打赏就可以过万。有人三个月就积累粉丝超过二十万并成为大V,也有人连续几篇文章登上各个自媒体大号的头条,一时风光无限。

于是我整天就在想怎么快速写爆文涨粉,而不是在想怎么让文字更走心、更动情,急着把自己写得并不算满意的文字投出去。看到别人佳作连篇,即使没什么灵感也急着打开电脑敲键盘。写出来的文字读起来味同嚼蜡,字里行间蔓延着浓稠的浮躁感。写了一个早上的东西,也只得狠心地一键删除。

只知羡慕和试图复制别人的成功,却忽略了一篇打赏过万的文章,作者经常是熬夜写稿,有时候甚至会写到半夜两点。真正的好作品都是要精雕细琢,而不是通篇生搬硬凑。

心里着急,眼界也会跟着略过事情的本质,落到了最虚幻无用的角落。

我在找实习工作的时候，本以为自己的简历足够优秀了：学生工作做到学生会主席，拿过几个国家级的奖学金，写荣誉称号的时候获奖太多都不知道写哪个比较合适，实习经历、学科竞赛、社会实践样样拿得出手，长得还不错，一直觉得自己被丢到人才市场上就会引起哄抢。

可实际上呢？投了几家公司，简历都石沉大海，眼睁睁地看着身边的同学们一个个都收到了面试通知，心里真是有说不出的滋味。三年的努力付出取得的成果却没有得到认可的心情，就好像出门前精心打扮两小时，高高兴兴去见心上人，对方却鄙夷地对你说了句"笨蛋，滚"。

我坐立不安、心急火燎，没有静下心来反思自己的简历是不是出了什么问题。我没有虚心请教别人的求职经验，也没有静下心来思考如何更有针对性地投简历，只是在无穷无尽地焦虑以后，担心自己会不会找不到工作而一生穷困潦倒，抱怨自己时运不佳、怀才不遇。

盲目的着急严重地挤压了真正用来反思和提升自己的时间。

急着想要得到世界,急着想要完成一切,而行动上却越来越慢。因为着急让人心慌,让人手足无措,就像考场上的最后5分钟,一旦心里的不安和慌乱传染到手上,就会思绪如乱麻,下笔如针扎。

— 3 —

我特别佩服我们学院就业科的一个年轻女老师,她一个人负责整个学院的财务报销工作,事无巨细都要她来过问,她还要帮我们这群马马虎虎的学生把贴反的发票检查出来,纠正每一个写错的日期,把算错的金额重新计算……

因为学校的财务制度严格,一丁点错误都要驳回重做,她时常因为学生犯的错被暴躁的会计严厉责备。

可是她给所有老师和学生留下最深刻的印象,就是"做事不紧不慢,每天都笑嘻嘻的"。

我看到她办公桌上还有一堆没整理的票据,我都会替她着急,这要做到什么时候? 得有多少耐心才能手把手地教会学生贴发票? 明明两天后就要上交所有材料,她却像还有两年时间一样不紧不慢,心无旁骛,潜心做事。

有一次我怕她记错截止日期，提醒她说："老师，只有两天就要交材料了，你不着急吗？"

她回答："急又没用，急什么，那么着急把自己搞得多难受。"

以前有人夸她长得漂亮，我还不敢苟同，因为她真的只是个普普通通的邻家女孩的模样。其实她只是少了一脸的着急模样，活得不着急，长得也就不着急，散发出靠谱的正能量气质，年轻又有活力。

— 4 —

我们这一代人，年轻又迷茫，着急又彷徨，前路漫漫又生活得懒散怠慢，注定颠沛流离又急着指望生活自会柳暗花明。

明明才刚跨入社会的营寨准备大干一场，就急着一步登上成功之巅摇旗呐喊；明明才刚踏入人生的军营准备上阵杀敌，就急着一马当先冲在前线扯鼓夺旗；明明才刚手持青春的利剑披荆斩棘，还未让它染血，就急着把每一次的挫折和磨难都当成看不到希望的万丈深渊，在最能发光散热的年纪颤抖着双腿，懦弱地不敢前行。

心要是急了，便会感觉时间也催促着你赶路，走马观花地错过一路姹紫嫣红，莽莽撞撞地误入歧路穷途。这样是会得不偿失的，到那时只有唏嘘叹气而悔之不及了。

现在，我要学会慢一点，我给自己的介绍就是"坚持走心，坚持长得好看"。不要才写了几个月文章就着急，不要才刚开始找工作就着急，不要人生才刚拉开序幕就急着要享受闭幕时的鲜花和掌声。

我时常告诫自己：别急着被人认可，因为你还年轻；也别急着自我否认，因为你还年轻。

不要才二十几岁，就让着急的人生和焦虑的心态把自己折磨得一脸愁容，那真的很丑，由内而外的丑。

为什么独处时最易滋生负能量

"想要有人陪"是一种自出生便扎根在一个人骨子里的渴望和欲求。

有一天，我正走在路上，天空突然毫无征兆地下起了瓢泼大雨，我狼狈地跑到最近的屋檐下，紧贴着墙、蜷缩着身子躲雨，四下张望，皆是生人。

我赶紧掏出手机发了条朋友圈状态：请问有人路过××吗？没带伞，求助！

十几分钟过后，有几个人点了赞，但没人回复我。微信里仅有的几个熟人照旧发着朋友圈，像是没看到我的状态。我看了看被雨打湿的手机屏幕，感觉心里有点难过，犹豫片刻，还是删掉了朋友圈。把手机胡乱地塞进口袋，以五指为伞，用手挡在额头前，弯下腰冲进雨中。

雨越下越大，夜色昏暗，我独自游荡在半夜无人的街头，环顾四周，只有孤影相随，脑海中一片空白，连个可以倾诉的人都想不出来。

我撇了撇嘴，心里有点难过。

这时我就想：人什么时候最容易被难过和忧伤包裹？难过和忧伤情绪的产生莫过于在独处时！一个人的时候，喜悦无人分享，悲伤无人分担。一个人就算吃满汉全席，也可能没有食欲。于是我便独自唏嘘，垂头丧气，埋怨没有人陪伴，时常感叹独自生活的空虚与寂寞。

独处时极易滋生负能量。"想要有人陪"是一种自出生便扎根在一个人骨子里的渴望和欲求。咿呀学语时我们通过号啕大哭的方式来换取父母对我们的寸步不离；长大后，我们总是对亲密的友人和别人走得太近而萌生醋意，因为唯恐陪伴自己的人被夺走。所以恋爱关系中常常会出现占有、依赖、寸步不离和死不放手的状态。我们要成家立业、娶妻生子，因为我们希望年轻时的拼搏有人理解和扶持，年老时有人常伴左右。

所以一个人的时候，我总是无端地感到难过，问自己："我为什么会难过？"我绞尽脑汁，不知其所以然，久久语塞，找不到答案。

其实，归根到底是因为不会和自己独处的人，在独自面对生活的喜乐悲欢时会感到无所适从、无所寄托。

丧失了独处的能力，是一件非常可怕的事情。刘心武说："静夜里，忽然有一种异样的情绪涌上心头，那情绪确可称之为'难过'。并非因为有什么亲友故去，也不是自己遭到什么特别的不幸。恰恰相反：也许刚好经历过一两桩好事快事，心里却会无端地感到难过。"

"难过"就像潜伏在身体里的小恶魔，随时准备抓住你情绪的空子伺机而动，尤其是当你独处的时候，负能量更容易从心底滋生，简直无孔不入，让人不知所措，你会感到瞬间被空虚和空洞笼罩，思绪翻转，却找不到任何东西可以填补这种空洞。

朋友圈什么时候矫情的鸡汤最多？深夜的时候，因为深夜最是寂寞的时候。学不会面对孤独，便会轻易被难过和忧伤的情绪裹挟，面罩愁云，无病呻吟，导致自己身心俱疲、效率低下。

孤独是每个人必然要经历的。我们都不再处于"你对我好，我也对你好，我们就是寸步不离的好朋友"的纯真无邪的孩童时期。那时候，一朵花、一颗糖、一支笔，就可以在你我之间建立起坚不可摧的信任。

而成年人的世界，是虽然你对我好，可是我还要考虑一下你我的三观合不合，你我的地位对不对等，你我的家世背景匹不匹配，你的相貌是不是能入我法眼，你的存在对我是不是有益处……

所以啊，微信朋友圈里给你点赞的人越来越多，陪你把酒言欢的人却越来越少；手机通讯录里的联系人越来越多，陪你促膝长谈的人却越来越少；送出去的名片越来越多，交心的朋友却越来越少；你参加的觥筹交错的社交party（聚会）越来越多，酩酊大醉后担心你如何回家的人却越来越少。

不必悲伤，人际关系就像季节的转换、世事的变迁，都是再正常不过的事。

即便你茕茕孑立，该过的山丘还是要过，该斩的荆棘依旧要斩，该攀登的悬崖照样要攀登，该涨价的柴米油盐还是要涨价。无论何时你总要学会面对一个人的伤心、一个人的寂寞、一个人的欢喜、一个人雀跃的日子。

你应学会接纳失去，慢慢变得独立。曾经有个人陪你一路颠簸，可他到站后就要下车了。再往前，那是你的宿命，却不是他的归途。所以总有一段路，你要学会自己走，学会独处，学会独行，学会独立。

长久以来我都学不会独处，在自己的世界里蜷缩得久了，总有点看破红尘、生无可恋的错觉，觉得自己没人爱、没人疼、没人在乎，于是我的微博、朋友圈签名充斥着一个闲人负能量的碎碎念。

可谁又能天天有人爱，天天有人疼，天天有人在乎？总要学会把独处的时间拿来做一些更有意义的事情。

人独处时容易胡思乱想、精神涣散、独自戚戚。但自从决定投身写作，我再也没空去看微信朋友圈的各种"秀、晒、炫"了，也无心四处去无病呻吟，而是把所有的时间都用来阅读、写作、做计划、执行计划,让独处的时间变得充实,此后的每一次独处都是我绝佳的创作时机。

独处时滋生的各种迷茫、焦虑、寂寞、难过的情绪,都为负能量培育了一份野蛮生长的沃土,而世间大部分的负能量,都来源于太闲。

二十几岁，不优秀会活成什么样子

如果你还不够优秀，总会有人讽刺你"你的努力真不咋的"!

— 1 —

如果你还不够优秀，任何人都有底气朝你发脾气。

你要知道，有些人不是脾气不好，他只是对你脾气不好。

有些人对你厉声呵斥，然后说自己是"性子直，说话直接"，其实他在领导上司面前说话温顺得像只小绵羊。

有些人不是情商低，他只是懒得对你以礼相待。

曾经有一个作者找我谈"互推"（就是我们在公众号上向各自的读者推荐对方）。他的文章阅读量没有我的高，于是我提出用第二条文章的位置换他的头条，这样我们的阅读量就差不多相等了，这样做也公平合理。没想到他当时就愤怒地指责我提出的要求无理,说:"你的号又不是有多牛,凭什么换我的头条?只有×××(某业内知名大V)这种级别的老师提这样的要求,我才能接受。"

他的逻辑是,同样的要求,你提,不行,因为你还不够牛;只有知名大V提,才可以,因为人家有名气、有资源、有声望。

其实我提的要求并不无理,资源等价交换在业内属于行规,但当你还不够强大的时候,你提的条件再合情合理,也会有人觉得你是无理取闹、自视甚高。

弱肉强食是法则,看轻弱者是天性。

不努力就会一直是弱者,就会一直被看轻,就会成为别人发泄情绪的垃圾桶。

— 2 —

如果你还不够优秀,总会有人讽刺你"你的努力真不咋的"!

在微信的朋友圈看到有人发了一条状态:"有些人,会写几个字就妄想当作家,会画几幅画就妄想当画家,普通话说得还凑合就妄想当主持人,真是不知道天高地厚。"对"会写几个字就想当

所谓的天赋，只不过是义无反顾

作家"这句话，我实在没办法不对号入座，即使这位微信好友不是在讽刺我，他的想法也确实折射出社会上的一种普遍认知：优秀的人努力，叫积极进取；不够优秀的人努力，叫装。

我在大学三年级就靠自己做自媒体实现了经济独立，并且签下了自己人生中第一本书的出版合同。但因为我还没有写出阅读量超过十万的爆文，我还没有出过百万册畅销书，我还没有成为行业"大牛"，所以我现在对文字的热爱以及在自媒体行业的付出，依旧会被有的人嗤之以鼻："别总说你有多努力，你的努力真的不咋的，还不是比不上别人"！

读书时，我们应该都会遇到这样一种学生：再怎么努力也学不好。

虽然这些人付出了很多，但是他们并不擅长学习。一旦成绩上不去，就会有人否定他们所有的努力。

"你做那么多卷子，数学怎么还是考不到90分？你肯定上课没认真听讲吧？"

"你听了那么多英文对话，听力怎么还是这么差？你肯定没有好好集中精力吧？"

"你成绩不好，肯定是天天翘课去网吧玩，上课都在打瞌睡吧！"

不要总是用"结果不重要，过程中获得了什么才重要"的借口来解释自己的失败。要时刻提醒自己：结果非常重要，只有努力得到好的结果，别人才愿意去倾听你在努力的过程中付出了多少。

— 3 —

"二十岁穷，一辈子都会穷。"

"二十岁穷，一辈子都会穷"是之前微博上一个很火的话题。这样说，会有些绝对。我觉得二十几岁时还不努力赚钱，那可能真的会穷一辈子。

换句话说，"二十几岁时还不努力变优秀，以后就很难再有机会取得进步了"。

那些年轻时一无是处，十几到二十年后赶上好时代，站在风口上或者走运投了好项目，突然就飞黄腾达的故事，对我们普通人来说，最大的作用就是写作文时可以用作案例，除此之外没有任何参考价值。

用成功者的人生来对比自己的人生是一种很不讨巧的投机行为。

若在精力最旺盛的二十几岁就安于现状、碌碌无为、不思进取，自然不会被重用，也得不到任何锻炼的机会去提升自己，后果就是你的年龄在增长，身体在衰老，见识和能力却没有得到任何提高。

二十岁时"北京瘫"，八十岁时卧病床。人生若只是从一个地方躺到另一个地方，得少欣赏多少怡人的风景，少遇见多少有趣的人，少经历多少难忘的事啊。

我虽然还年轻，可每过一年都会觉得时间过得飞快，想到自己还有短短几年就三十岁了，还是会感到些许恐慌。若是而立之年还没有一张拿得出手的名片，实在不敢想象以三十岁作为起点，要如何去追赶已经拼了十几年的同龄人。

所以，现在的我，平时拼命工作，业余时间紧抓写作，忙得不可开交，几乎没有娱乐时间。对于像我这种普通农村家庭出生的人来说，努力不是一种选择，而是一种生活状态。

更何况，比我努力的人那么多，我没什么资格抱怨，还是把感动自己的时间用来赚钱比较划算。

— 4 —

你的问题就在于：自尊太强，能力太弱。

听过很多"反鸡汤"的段子，挑几条出来分享一下。

"努力不一定会成功，但是不努力真的好舒服啊。"

"你努力过后才发现，智商的鸿沟是无法逾越的。"

"其实有些事情，你不试试，根本不知道什么叫作绝望。"

诸如此类的话，数不胜数。

我不是很想对一些没有多大意义的段子发表什么愚见，这样做会显得自己小题大做，但是当我看到转发这些段子并且深表同意的人都是一些十几岁到二十岁的小年轻时（允许我在这里装一下成熟），还是忍不住想说一句：不要企图通过这些充满戏谑和调侃意味的段子来认识人生。

努力都不一定会成功，不努力怎么会舒服呢？难道你认为的舒服就是饱食终日、混吃等死？

智商都已经隔了鸿沟，还不知道用后天的努力去弥补，这才是真正的愚蠢、无可救药。

有些事，你要是不试试，从未体验过绝望，就永远无法懂得如何去战胜绝望。

二十几岁的年轻人普遍存在的一个问题就是，把段子当作真理，把道理视为鸡汤。

— 5 —

鸡血人人都会打，热情常常三分钟就冷却。

有人会问："你说了那么多，到底如何才能变得更优秀？"

这当然很难很难，但进化的过程就是淘汰的过程，不想被社会淘汰，就得迎难而上。

说白了，改变令人不满的现状其实也就是一句话的事情：走出舒适区，做和你现在状态相反的事情，或者说做那些让你感到不那么安逸的事情。

比如说如果你现在由于晚睡晚起导致效率低下、精神恍惚，那早睡早起、健康作息就是变优秀的一种途径。以此类推，用自己举例，如果你发现自己原来一无是处，那就对了。

至于那些说自己缺乏改变的动力的人，你们到底是有多不关注中国的房价？

虽然我现在不是很确定我到底想活成什么样子，但是我非常确定，我不想活成什么样子。写作看似吃力不讨好，为什么还要坚持写呢？在简书写作四个月的时候，我已经获得了一万多个喜欢，单篇文章阅读量最高可超过十二万，同时我成了简书签约作者，于是身边开始有人调侃我为"网红"。

其实，我更愿意称呼自己为一个"单纯喜欢写字的人"。

毕竟我还没有开过淘宝店卖"爆款"，腾讯1200亿韩元投资"网红"直播平台时，我连1200块韩币的投资都没有收到过，如果这样都敢说自己是"网红"，那真是大写加粗的不要脸。

2015年年底我不知道自己是抽了什么风、中了什么邪，屁颠屁颠地开了一个微信公众号，并开始在简书写作。当时我正处在苦苦暗恋一个人的悲悯情怀中无法自拔，无人倾诉。于是满腔戾气地写了一篇叫作《你可能一辈子也遇不到合适的人》的文章，一不小心就火了，几乎所有的情感、文艺、小清新类平台都轮番转载了一遍。从此正式在自媒体圈出道，成了一名"网红"，并且认识了一堆"网红"。

读者所看到的内容都是"制造者"（"网红"的高阶级说法）最终输出的结果，洋洋洒洒、嬉笑怒骂的几千字图文信息看似一气呵成，可其中滋味有谁能真正体会？

圈内某大V没日没夜地写文章，写到后来患上了抑郁症，认识的一位二十几岁的美少女作者经常在朋友圈抱怨，她整日绞尽脑汁地写文章导致她的发际线越来越靠后……

抓耳挠腮、捶胸顿足，好不容易才从乱如麻的思绪中抽出一个让自己满意的选题，百度一下才发现类似的选题早已烂大街，很难出彩，怒而弃之。独树一帜的观点百年难得一遇，所以只要你读得多，就会发现一百篇文章其实都是翻来覆去地炒同一个论点而已。对这些烂大街的道理，在不抄袭的前提下，考虑用词造句如何更精准，逻辑构思如何更缜密，举例论证如何更新颖，无一不是对一个写作者的脑力和心力的双重考验。

同时，一个优秀的写作者，一定不会闭门造车、坐井观天，而是要广泛涉猎，多做深度阅读。若是没有经济学、心理学、社会学、文学这些学科的基础知识作为背景，若是没有来自生活的丰富阅历、对人性的深刻洞察，很难写出有格局、有深度的文字。妙笔生花的文字，一定经历了千锤百炼。

我并非是一个有天赋的写作者，一字一句写得都不轻松，每敲下一个字、一句话都要靠大脑飞速运转。而我又喜欢在文章里面玩反转，力求达到出乎意料的效果，所以也极少写那种观点俗不可耐的鸡汤文（用"极少"只是为了给自己留余地），比如什么女孩啊，姑娘啊，你要做自己的女王啊……

所以有一段时间我经常失眠，面容憔悴、极度焦虑、独来独往、沉默自闭，就是要在内容输出上压榨自己，经常连续十几个小时对着电脑屏幕想选题、查资料、码字、配图、排版、做PS美工……

要知道很多微信公众号运营是靠着一个公司的人来分工协作的，而现在这些事情都要我一个人来做，而且还没有什么收益，全凭情怀支撑，难度可想而知。

自媒体时代对于原创作者来说，已经算是最好的时代了，据说咪蒙发一条广告收费可以达到几十万元。如果换成是读者喜欢的内容，他们会更加愿意为之付费。所以很多作者靠打赏也能过上滋润的日子。

但是，对于大多数原创作者来说，写文章几乎都是在"为别人做嫁衣"。因为个人微信公众号关注的人不多，文章写得再好也只能被埋没，或者被抄袭却投诉无门。所以为了增加关注人数，原创文章全都免费让关注人数多的"大号"转载，一些"大号"靠做勤劳的搬运工涨了几百万粉丝，发一条广告就有十几万的收入，而优质内容的源头——原创作者们，却举步维艰，关注者寥寥无几。

曾经有一位读者问我，怎么从来没看见过我的微信公众号做广告。

其实找我的广告商还是挺多的，什么金融理财、减肥药、微整形……虽然我随便复制、粘贴文案就有几千块的收入，但这种广告风险太大。我不想辜负几万读者对我的信任，所以一次次地拒绝了很多无良广告商的邀约，狠心放走了一大笔钱。

不是我装清高，我也挺缺钱的，不过谁让我是一个符合社会主义核心价值观的"网红"呢（心中默念"富强、民主、文明、和谐……"一百遍），若是赚钱不能让人心安理得，那不赚也罢。

这么看似吃力不讨好的事情，我为什么还要坚持做呢？

因为世间难遇一知己，而令写作者最幸福的莫过于说话有人倾听，想法有人分享，观点有人共鸣。

曾经有一位读者给我留言，说她研究生毕业之后求职艰难，找不到工作，只得靠父母厚着脸皮托关系求人，结果正好遇上了一位有背景的对手，最后也没能进去。她感觉自己很没用，甚至有些绝望，感觉自己很对不起父母，一度意志消沉。无意间看到我写的《我那么努力，只是为了不让父母再四处求人》这篇文章，在她最绝望的时候给了她鼓励，最后她没有靠父母，顶住了来自多方面的压力，靠自己公开竞争拿到三个 offer，都是国字头单位。

她的留言也让我受到了莫大的鼓励，在这个羞于谈梦想的时代，我可以理直气壮地、大声地告诉别人，我的梦想正在一步一步地实现，并力所能及地带给世界些许善意和安慰。

还有一个读者，每天晚上都在我的公众号后台跟我说晚安，每篇文章必看必评论。文字的力量透过冰冷的屏幕将原本陌生的人牵连在一起，心与心靠近，灵魂与灵魂相拥。这是再美好不过的相遇，虽然你从未出现在我面前。

写了更多的字，读了更多的书，认识了更多的人，越发感觉到自己的渺小和无知，所以才懂得学习的重要性。

我曾经一度被自己做微信公众号的辛勤所感动，直到认识了一个 1996 年出生的小女生么么，她写出过几篇阅读量超过十万的爆文，已经准备出自己的第一本书了，现在独自在北京打拼。她刚开始做微信公众号的时候，把自己的微信公众号二维码打印了一千多张，贴到学校厕所的墙上做宣传，就这样开启了自己的自媒体写作之路。

还有已经有几十万粉丝关注的"自媒体一姐"周冲，她的文章言辞犀利、文风华美，充满力量和智慧，一向靠作品说话的她，其实是一个可以靠脸吃饭的"美女作家"。虽然早已名声在外，受粉丝敬仰，但她还是会坚持写作到深夜，失眠的时候就爬起来写作，伤心难过的时候还在写作，活脱脱一个"长得比你好看，比你有才华，又比你努力"的人。

朋友圈中此类的大神云集，为了让他们有一天不删掉我，我便只有披甲上阵，奋起直追。

听过很多赞美和鼓励，也忍受过不少批评和轻视，成熟就是慢慢学会云淡风轻、宠辱不惊地看待一切。因为辛苦的人很多，我只是其中之一；努力坚持的人不多，我也要成为其中之一。

孤独的人生，唯有披甲上阵

别总被自己的辛苦所感动，委屈这种东西，

对你而言是扎在心头的针，针针见血。

— 1 —

加完班合上电脑，看了看时间是晚上21:30。我揉了揉眼睛，打了个哈欠，拍了张办公桌的照片，准备发条微信朋友圈状态感慨自己又勤劳、又辛苦、又充实的二十几岁。

打开微信，看到一位编辑给我发来的信息，是向我道歉的。因为她转载我的文章，排版的时候忘了加作者介绍了，那么转载的性质就变成了抄袭，于是一天的工资就被扣光了。

做自媒体的都知道，微信编辑是个钱少事多的苦差事，有时候没检查出一个错别字就要扣几十块钱，要是遇到我这种错别字大王，一不小心一天的辛苦钱就没了。

她每天的工作就是两眼不离电脑找文章、看文章、找图片、修图片、排版、和作者沟通……关键是，这些枯燥乏味的工作，要循环往复，直到领导满意为止。唯一的娱乐方式就是看看手机，其他时间都是在忙着看投稿的文章。不像我运营微信公众号，自己觉得文章OK就可以推送出去了，没有上级的压力。

令人惭愧的是，这位编辑妹子是95年的，比我还小，就已经正式工作赚钱养家一年多了，而我还是一个加点班就想感慨人生艰难的实习生。

我给她发了个8.88元的红包，叫她别难过。但我自己却有点难过，一个比我年纪小的妹子，做的工作却比我辛苦多了，我却时常觉得自己比谁都努力，比谁都勤奋，比谁都不容易。

人只要一感动自己就会不自觉地想给自己"颁奖"。今天加班那么晚，好辛苦啊，所以原本打算看的书就先不看了，原本打算写的字也懒得动笔了，原本打算学的英语也先放放吧，追追剧、刷刷电影奖励自己一下吧！于是就会控制不住地熬夜玩电脑、刷手机到凌晨一两点，第二天带着熊猫眼去上班，同事问："你看起来怎么那么疲倦啊？"答曰："哈哈，昨天加班晚了，有点累！"

不怕不努力，最怕你喜欢装着努力，还总被自己伪装出来的勤奋样子感动得一塌糊涂。

于是，原本打算停更休息一天的我，重新启动了电脑开始码字。"每日更新"的原创作者那么多，我为自己的松懈念头有点脸红。

— 2 —

年轻人都是"易感"体质，这是年轻人的通病。我们不是容易感冒，而是容易感动自己。

因为没怎么经历过真正的辛苦，所以一丁点的忙碌和付出就足以触动我们这些年轻人的情绪，以至于在微信朋友圈为自己谱写赞歌，那真是一段最容易自我感动的年纪。

在大学里我做了三年的学生干部。我所在的部门曾承办了一个活动，我和团队成员一起熬了几天的夜才完成，当时觉得自己的大学生活太辛苦了，比高中还辛苦。"我和那些沉迷于打游戏、爱情的'妖艳贱货'、纨绔子弟真是一点都不一样啊!"

感觉自己活得太充实了,看着那些和你一起熬夜的人,就会感慨人生终于遇到一群志同道合的朋友了,感动!太感动了!到微信朋友圈里发了很多照片以及各种参透人生真谛的心灵感悟,仿佛人生再辛苦也不过如此了,熬到头就可以去领终身成就奖了。

现在,半只脚踏入社会了,回过头想想当初的自己,真的很幼稚,实在太幼稚了。

如果你总觉得自己是周围人中活得最不容易的一个,相信我,那一定是错觉。

当学生是世界上最轻松的职业,是最没有资格说辛苦的职业。我曾经实习的公司,是地产行业的领头羊,身边没有一个人是躺着就可以赚钱的。我所在的部门没有人不在加班谈业务、拼业绩,连几个实习生都常常回了宿舍还在工作。

你也许确实忙,但总有人比你更忙,尤其是比你优秀的人。

所以我曾说:"努力不是一种选择,是一种生活状态。"因为总有一颗害怕落后的心在督促你前行。

该吃苦的年纪，就别总感慨自己活得辛苦了。

— 3 —

以前我常常和身边的朋友哭诉："好累啊，白天要上班，时常要加班，晚上还要维持微信公众号的更新。大脑不停运转，得不到一刻休息，随时感觉自己会暴毙。"

其实当我们在为自己的辛苦自我感动时，往往只是选择性屏蔽了那些比我们辛苦、比我们努力的人。

滴滴宣布收购Uber中国之后，有一篇文章在年轻人群体中流传得很广，叫《生而骄傲：Uber的那些年轻人》。文章用了很大的篇幅来说在Uber工作的年轻人们有多么辛苦、多么有情怀、多么不甘心。

我的微信朋友圈被这篇文章刷了屏，转发的基本上都是大学生，清一色地在表达着自己的共鸣和理解，因为我们都很辛苦啊，我们都有梦啊，我们都曾为了一个目标不顾一切地拼啊。

说真的，我也是年轻人，看完之后没法不感动，但这实在是太矫情了。

在创业公司,不辛苦就见鬼了,年轻人刚刚踏入社会,不辛苦就想进步谋发展,可能吗?

在滴滴工作的年轻人,难道就都是一群坐吃山空、不努力工作的蛀虫吗?显然不可能。

该流的汗水,人家不一定比你流得少。否则你以为别人是靠什么取得成功?靠运气?

总是感慨自己辛苦的人,一定是没有注意到别人的辛苦。

— 4 —

之前和一个甲方谈合作,到了推送文章的当晚,公司领导突然要我加班。所以,我只得无奈地告诉她合作要延期。这位甲方的编辑时间观念很强,对于讲好的合作要延期这种事,她简直无法接受,所以对我持续不停地发火。

我觉得很委屈,一直放低姿态道歉,好言好语解释,承认错误,可人家就是认定了"你不专业""你不讲信用""你自以为是"……

我当时确实挺难受的,我那么不容易,说了那么多,你就不能理解一下我的辛苦?你就不能换位思考体谅一下我吗?

但等我冷静下来，仔细了想想，确实是我犯了错，有再多的客观原因又能怎样？别人只能看到你犯错的结果，谁有心思绕一大圈去理解你的辛苦，你又不给人钱。

别总被自己的辛苦所感动，委屈这种东西，对你而言是扎在心头的针，针针见血。在别人那里，有可能觉得你只是装可怜、肚量小、太矫情。

既然年轻，本该吃苦，何必言累！

反正无人能懂，不如收拾心情，独自行走。

无论生活怎么变，善良的本性不能变

有时候我们把自己的生活设置一个"访问权限"，可能不是为了隔绝自己讨厌的人，而是为了试探自己真正在乎的人。

这个题目只有尊贵的QQ空间用户才能秒懂。

曾经在微博上看到一个热门话题，说是微信推出了一个叫"那年今日"的功能，搜索框输入"那年今日"就可以看到你的微信好友在往年的今天发的动态了。

不过这个功能似乎已经下线了。可能是我脑回路比较奇葩，当时没怎么在意微信推出的这个新功能，反而突然想到了已经一年多没有打开过的QQ空间，因为QQ空间早就有"那年今日"这个功能了。

QQ空间才是"90后"的青春，后来我们学会了用微信，便悄悄转移到朋友圈了。

— 1 —

初高中时期，还用不起智能手机，每次启动老人机，除了打电话回家，就是打开QQ空间，看看有没有"与我相关"的事情。

与我相关（＋0）——说明我的动态没有人评论，没有人点赞，没有人"艾特"（关注），会突然感到阵阵失落、伤感、落寞，好比如今发了条朋友圈状态，却没有人理睬，没有人在意，感觉自己被世界残忍地抛弃了，瞬间被孤独感所席卷。

我的成就感来源于有人关注；我的挫败感来源于没人关注。

与我相关（＋10）——嗯，看来我还是挺受人关注的，没有被孤立，没有被隔离，没有被遗弃。仔细清点是谁给我点了赞，回复了每一条评论，心满意足、轻松愉快地洗洗睡了。做了个好梦，梦到下一条"说说"有好多好多的评论，好多好多的赞……

慢慢地，就会习惯于从别人的围观中，寻找自己存在的证据。

与我相关（＋20）——哇，不敢相信，难道是我不小心发了裸照在空间上? 感觉自己突然就成了QQ空间的super star(超级明星)! 众星捧月、万众瞩目的感觉,原来也不过是QQ空间与我相关的20条动态罢了!

那时候,我们年纪不大,幸福感也来源于很小的事情。

与我相关(+你)——在空间发的每一条矫情鸡汤、每一次无病呻吟、每一声哀怨叹气,也许都是希望特定的人会看到,会注意,会问候。

我的心情其实都和你有关。

— 2 —

相比微博和朋友圈,QQ空间最撩人的一个功能恐怕就是"访客记录"了。

你可以看到具体某个人在某个时刻访问了你的主页、你的相册、你的留言板,还可以知道有几个人是试图窥探你空间的"被挡访客"。

有多少人曾经为了看"被挡访客"里有没有自己暗恋的人专门开了QQ黄钻功能? 我有过! 后来发现被挡访客其实都是我讨厌

的人，内心不仅没有达到目的的庆幸，反而会很失落。

有时候我们把自己的生活设置一个"访问权限"，可能不是为了隔绝自己讨厌的人，而是为了试探自己真正在乎的人：在你看不到我的这段时间里，你会不会想起我？你会不会来找我？你会不会留意我的莫名消失？你会不会在乎我的突然离开……

有段时间我也嚷嚷着要关闭微信朋友圈，要潜心修炼，要静心学习。其实不发微信朋友圈状态的那几天，心里面反而更失落了。因为似乎并没有人注意到平时天天发微信朋友圈状态的我，最近突然不发了。

没有人来询问我，是不是遇到了什么不开心的事；没有人来关心我，生活是不是遭遇了什么变故。

大家都该矫情的矫情，该炫耀的炫耀，该抱怨的抱怨，该打广告的九张图一张没少，该秀恩爱的也还在深情款款地对着不同的脸许下相同的誓言……

没有人的生活因为我从微信朋友圈的退出而发生改变。原来我平时刷的存在感，那么多余。于是，我更孤独了。

从QQ空间到朋友圈,从买芭比娃娃的15岁到买杜蕾斯的25岁,无论转换到了哪个平台,无论年龄增长了几岁,无论外表变得有多坚强、多独立,我们内心始终是个渴望被别人宠爱的小孩子。

— 3 —

因为访客记录的存在,还诞生了许多专属于QQ空间的名词,比如"跑堂"。

"跑堂",即逛别人的空间却不留言!此乃行走QQ空间的大忌,是任何一个尊贵的、成熟的、资深的QQ会员都不会犯的低级错误。

但我会!记得刚刚玩QQ空间的时候,没加我们班一个女生的QQ好友,却因为无聊点了下她的空间,发现她没设置访问权限,于是顺便在她的空间随意逛了逛。

没过多久,我就收到了她的好友请求。加好友以后,她没有说"你好""在吗""hello"这些QQ好友打招呼标配用词,她发给我的第一句话是:"你'跑我堂'?"

我一脸迷惑:"啊?你在说什么?"

她回："'跑堂'啊！逛我空间不留言是什么意思？"紧接着，她义正辞严地给我普及了"跑堂"的意思，声明"跑堂"是低情商、低素质的无脑行为，"跑堂"是受到"全国QQ空间委员会"严厉打击的恶劣行径……

我深深表示受教了，虚心接受，面壁思过，痛改前非。

想在竞争激烈的QQ空间混出一点名堂，就要懂得去和别人"互踩"，就是去别人的留言板留言，你"踩"我，我回"踩"你，"踩"得越多，关系越好。

勾搭男神或女神的第一步，就是去"踩"空间。

你还没谈恋爱？呵呵，你一定经常"跑堂"吧？

你路过了我的人生，却不想参与我的生活。你只想做路边缄默的看客，漠视我的喜怒哀乐，无视我的悲欢离合，你不留痕迹，便想"跑"了我人生的"堂"，我只能屏蔽你、拉黑你，再见、拜拜。

— 4 —

再回过头看，生活不过就是个QQ空间。

　　如今我们为之喜、为之忧、为之笑、为之哭的大事小事，都和曾经在QQ空间里的幼稚行为别无二致，恍惚间会怀疑自己从来没有长大过。

　　曾经的QQ空间是越"踩"越亲密，而现在的微信朋友圈，点个赞都要考虑三分、小心翼翼。

　　曾经因为"跑堂"被追着骂的朋友，如今安静地躺在微信的好友列表里，除了在每个节假日准点报时，便再难有机会嘻哈打闹了。

　　曾经我在QQ空间期待你与我相关，如今我们长大后，小心翼翼地把空间上了锁，访问权限拉远了你我之间的距离，曾经视为最珍贵的互动行为也因为我们间感情的日益生疏而显得幼稚可笑。

　　QQ空间里的我是最真实的我，那时候我还不懂如何掩饰自己，现在我学会了成年人粉饰生活的技能，于是我一条条删掉了最想发的动态，换成了最想让别人看到的状态。

　　熟悉的生活变成了我并不熟悉的样子。

　　总之，不管生活变成什么模样，希望我们还能像曾经装扮自己的QQ空间一样，精心装扮自己的生活。

我害怕骄傲地单身着的你，

会因为你的骄傲而在

最美好的年纪里错过爱情，

会在等待爱情的路上

兜兜转转走太多弯路。

第三章

我们都渴望在最好的年纪遇上最对的人

单身其实挺好的？别骗自己了

骄傲的单身者，往往要经历更多的错过。

— 1 —

　　单身当然有单身的好。只是真正能用平常心面对单身状态的人，并不需要急于证明"单身也挺好的""我不需要爱情"。"单身也挺好的"简直就是单身者矫情的标配文字。

　　情侣秀恩爱的高峰期，也是朋友圈出现"单身也挺好的"这句话最密集的时候。来源当然是那些一边矫情着对自己说"一个人也挺好"，一边在背后偷偷羡慕别人的单身群体。

　　虽然自己都为自己的小倔强感到难过，但还是要维持哪怕只是表面上的骄傲，迫不及待地向所有人传达：我单身怎么了？我过得很好。

也许此时，有一个遇见爱情的机会正悄然接近你。正有一个不错的人在你家门外徘徊、试探，准备鼓起勇气向你表明心意。正当对方打算敲门时，你却突然在门前挂了一块大大的牌匾，写上：单身是最好的增值期。

看到单身还那么自豪、那么骄傲的你，谁还敢向你敞开心房、吐露心声？

你在感情上表现出来的姿态过高，就会让人产生一种"容易拒绝别人"的感觉，让人望而生畏、敬而远之。

人都有一个特点，就是很难承认自己以往的坚持一直是错的。

同样，当一个人太过于向外界表现自己坚持单身万岁、一个人也可以过得很精彩的姿态时，他就会越来越难让自己接受一段新的感情。因为一旦谈了恋爱，就等于向别人承认自己一直坚持的单身宣言是在自欺欺人。

不是一直说单身是最好的增值时期吗？

不是一直说一个人活得比两个人更好吗？

— 2 —

"爱情"这两个字，千百年来被无数文人墨客写进千千万万不同主题的诗词和篇章里，但始终没有人能真正完美地表达出它的真谛，也不可能有人可以诠释得十全十美。

正因为它如此神秘，如此复杂难懂，我们对它的探索欲和期待才会如此强烈。

所以，有人说"单身也可以过得很好"，说得没错；"单身是最好的增值时期"确实也有一定道理；有人一直用"宁缺毋滥"作为自己在等待爱情过程中的励志名言也无可厚非。

我们听过太多的传奇故事，有的人为了等一个人而骄傲地单身了一辈子，有的人在黄昏暮年才遇到自己的人生伴侣。

我们赞美和崇敬他们，因为他们的故事让人"相信爱情"，那些故事是单身的你在朋友圈秀单身时绝好的史料依据。

— 3 —

可是，没有爱情陪伴的日子，再充实的人生也难免会有些孤寂。

大多数人的爱情是经不起等待的，大多数人遇见爱情只能是

在青春尚在、年华未老之时。等待的心带给我们普通人的，往往只是错过，是我们遇到爱情的羁绊。

我害怕骄傲地单身着的你，会因为你的骄傲而在最美好的年纪里错过爱情，会在等待爱情的路上兜兜转转走太多弯路。

有多少人会为没有经历过纯洁美好的校园恋爱而感到扼腕叹息，有多少人因为自己的骄傲和矫情把爱情拒之门外却浑然不觉，又有多少人在孤独终老的一生中留下了大把无法弥补的遗憾。

人要是不经历爱情，和咸鱼有什么区别？

— 4 —

在期待爱情的路上，那么骄傲干什么？拥有爱情的人，都要懂得放低姿态，为所爱的人低到尘埃里。

还在期待爱情的你，有什么理由不放下身段？为可能出现的爱情多一点勇敢和主动，为自己的爱情制造更多的可能性，为认识更多的人去扩大自己的社交圈，才更有可能遇见你的Mr.Right（如意郎君）。

所以，勇敢地告诉所有人：我一点都不希望自己在合适的年纪、合适的时间还独身一人，我不再矫情，不再骗自己。

骄傲的单身者，往往要经历更多的错过。与其一味地矫情，虚伪地摆出高姿态，不如努力地付出行动，去找到属于自己的爱情。

我就爱装作不喜欢你的样子

请给爱情一个机会，也给自己一个解脱。

如果始终不敢说爱，也许只是你还不够爱他（她）吧。

— 1 —

我曾经听过一句特别有意思的话，大意是这样：如果你发现有一个人莫名其妙地就疏远你、冷落你甚至讨厌你，你冥思苦想也找不到一个原因，那十有八九那个人就是喜欢上你了。

很多人一旦爱上另一个人，便会自动开启一种人格分裂模式：在夜深人静时，会无数次在脑海里和他（她）上演着最纯情、最美好、最"傻白甜"的偶像剧，站在他面前的时候却硬要装出一副最高冷、最矜持、最不想搭理他（她）的样子。

这种人在喜欢的人面前，语气一定要云淡风轻，表情一定要漠不关心，眼神一定要四处飘忽，看天、看地、看风景，就是假装看不见你；最好可以当着你的面勾搭一下在场的俊男（靓女），谈笑风生、旁敲侧击、嬉戏打闹、推杯换盏的声音一定要大到让你听见，然后在脑海里幻想着你恨恨地吃醋的样子。

他（她）费尽心力地自导自演一出把自己感动得稀里哗啦的苦情剧，就是为了传达一个中心思想：看吧，你不是我的必需品；没有你，我照样快活。

他（她）越是喜欢你，就越是要装作不喜欢你。

作不作？真作。

你的小倔强都让我产生同情心了呢。

虽然又作又贱，可是，他（她）的心里却一直在翻江倒海：我都摆出一副那么讨厌他（她）的样子了，他（她）怎么就不知道过来问我一下为什么呢？他（她）怎么就不能注意我一下呢？他（她）怎么就不能稍微开窍一下呢？他（她）怎么就那么傻呢？

我真想对这种人说句实话，其实，他（她）不是傻，他（她）只是不喜欢你罢了。

— 2 —

心理学上说，喜欢上一个人，会让人变得自卑。

他（她）在你眼中越完美，越遥不可及，你的自卑感就越深，越羞于吐露心声。

自卑感带来的后果便是，你幻想过多少次表白，就预设过多少次表白失败的痛苦。你害怕和他（她）说话时，语气会无法控制地变得柔情；你担心和他（她）对视时，心意会止不住地从眼神中泄露；你唯恐自己的一言一行会把自己的感情出卖，把自己的想法赤裸裸地曝光在他（她）面前，因为你无法承受滚烫的爱意换来冰冷的拒绝，你不敢想象以深情换来绝情，以热泪盈眶换来面无表情。

有趣的是，过度的自卑反而会演变成要强的自尊。

因为要掩饰喜欢上一个人的自卑，所以才会把自己武装得桀骜不驯、毫不在意；感情上处于弱势时会带来强烈的不安全感，所以便会通过伪造一个强势的表象来抵抗这种不安全感。

我就要比你酷，比你洒脱，比你过得更好。

喜欢你之前，我从未像这样口是心非过。

— 3 —

很多人喜欢看《太阳的后裔》，尤其喜欢宋仲基和宋慧乔刚刚认识就大胆直白地互撩的那场戏，撩得人心神荡漾，直呼过瘾，剧里的主人公面对心动的对象从不拖泥带水、矫揉造作。可现实里，很多人还是会爱在心头，口坚决不开。有人说，因害怕表白被拒绝，就再也不能喜欢了，爱情还未开始，友情便已告急，连做朋友的机会都没有了。彼此偶然相遇，连微笑点头都成了尴尬和折磨。

你害怕的事情那么多，难怪爱情也怕遇见你了。

实际上，和喜欢的人做朋友也是另一种形式的酸楚。要以朋友的身份为他（她）追求另一个人出谋划策，附和着祝福他（她）所有的恋情，忍受他（她）对你眉飞色舞地描述他（她）对另一个人的朝思暮想。因为是朋友，所以没办法选择视而不见、避而不谈。

有人说，谁先爱，谁先输。所以假装不爱，就可以率先赢得这份爱？

世人皆知主动出击一定比按兵不动更能让自己早点走出困境，结果或许是"结发为夫妻，恩爱两不疑"的圆满；拨开云雾，原来你我两情相悦、心倾神驰；又或许是"泪眼问花花不语，乱红飞过秋千去"的落寞，也能让人认清现实，尽早挣脱，重新开始。这比起假装不爱带来的错过、遗憾、纠结、痛苦、悔恨的结果要好得多。

毕竟相思，不似相逢好；

毕竟苦恋，不如放下好。

— 4 —

之前在微博上看到一个热门话题：我不缺朋友，只缺你。

大意就是劝人豁出去告白，即使和喜欢的人做不了朋友也无所谓，反正我也不缺朋友，只缺你。有一条评论狠狠地戳中了我的笑点：因为看了这个话题，所以我去表白了，半天过去了她还没回复我，点进她朋友圈只看到一条横线。我内心顿时呼喊声一片：再见！再见！再见！心里全是泪。

这就是典型的分不清道理和鸡汤，不仅朋友做不成，连朋友圈都没得看了。

　　不要莽撞地去袒露自己的感情，先确定你已经做好接受爱情的准备，确定对方值不值得你付出，确定你是否真的爱他（她）爱到需要鼓起十二分勇气表白的程度，确定时机是否成熟，确定自己是否能够承担不同的后果，确定你是否能释怀所有的遗憾。

　　深思熟虑之后，如果你真的确定你已经爱对方爱到不甘心只做朋友，就别再装作不喜欢。

　　请给爱情一个机会，也给自己一个解脱。

　　如果始终不敢说爱，也许只是你还不够爱他（她）吧。

抱歉，在我最无能的时候爱上你

你什么都不缺，可唯独就是没有他（她）想要的，

你仍然会觉得自己一无所有。

— 1 —

从前的日色变得慢

车，马，邮件都慢

一生只够爱一个人

——木心《从前慢》

可是现在不一样了，谈恋爱快，有时候结婚也很快，可一生
还是一生，还是只够爱一个人。

爱上一个人好难，爱上一个不爱你的人更难。两情相悦似乎只在童话故事里出现过，而我早已不是沉迷于童话的小屁孩了。

我长大了，爱情却迟迟不来。

忘记一个人好苦，忘记一个不爱你的人更苦。花钱醉酒就能治愈的伤痛似乎只在假装洒脱的鸡汤文里出现过，那作者一定是因为没有真正爱过吧。

毕竟我爱过有血有肉的你，忍受过像戒毒一样痛苦却总是戒不掉你的那种折磨。

好害怕一生只能真正爱上一个人，那样我岂不是要孤独终老、郁郁终生？因为我已经爱过你了，并且注定错过你了。

— 2 —

以前总是有人说"对的人晚一点再遇见"，真搞不懂说话的人在想什么，遇到对的人已经很难得了，为什么要晚一点再遇到对的人啊？难道不应该是越早越好吗？

有多少人终其一生都没有遇到对的人，你还让我晚一点再遇到，这简直就是在传播深深的恶意啊。

可真正爱过一个人之后才懂得，最遗憾的其实不是没有遇到对的人，而是遇到了对的人，却没有能力抓住。

— 3 —

有一种无能叫"我不敢"。

在爱情面前有一种最常见的装酷套路叫作"越是喜欢你，越是要装作不在乎你的样子"。

不敢主动引起对方注意，就想用不注意对方的方式来旁敲侧击地吸引对方的注意。

说白了就是怕，怕伤到自己的小自尊，怕丢掉自己的小骄傲。

真正的酷叫作：如果你主动一点，我们的孩子都会打酱油了。

而装酷的人心里都在想：如果我主动一点，我会不会早就被打死了？

有读者给我留言说："我以朋友的身份暗恋了他八年，在最该四处花痴男神的年纪我心心念念的只有他一个人。我不敢表白，我会难过，但我始终不后悔，至少在他那里我还有一个朋友的身份。"

很难说哪一种对待爱情的态度是正确的，但我想对"以朋友的身份去爱一个人"的那些人说："从友情的角度来说，你是伟大的，但从爱情的角度来看，你依旧是失败的。"

因为你最该对他说的话不是"我挺你"，而是"我爱你"。

可你不敢说。

你怕没有结果。

可在我看来，有结果不等于表白成功在一起，有结果是给自己一个交代。

你没有对不起任何人，你只是对不起你自己；你没有伤害任何人，你只是伤害了你自己。

辜负自己的感情，也算是一种"无能"吧。

— 4 —

有一种无能叫"我不配"。

或许世间所有的"我不敢"都源于内心深处觉得"我不配"吧。

女孩总想：原本觉得自己脸蛋肉肉的挺可爱，喜欢上一个男孩之后，开始觉得自己就是个死胖子，为什么不能再瘦一点，或许他喜欢瘦的呢？我不美、不苗条，一点都不性感，配不上我喜欢的他啊。

你能不能等等，等我再变好一点再出现？

男孩总想：原本觉得自己皮肤黝黑挺健康，喜欢上一个女孩之后，开始觉得自己就是块黑炭转世，为什么不能再白一点？一白遮百丑啊，我要是再帅气一点，或许她会多看我一眼啊。

你能不能等等，等我再变好一点再出现？

原本觉得现在的苦难都是支撑自己奋斗的理由，喜欢上一个人之后，永远觉得成功来得太晚太慢，只恨没能力立刻买下一幢大房子把你藏起来，只恨没能力带你随时来一场说走就走的旅行，只恨没能力让我所有的承诺立即兑现，只恨在我最无能的时候爱上了你。

陷入爱情的人，总会觉得自己什么都还不够好。

你什么都不缺，可唯独就是没有他（她）想要的，你仍然会觉得自己一无所有。

— 5 —

也许每一个在爱情面前装酷的人，内心都有着深深的自卑吧。

总爱装酷，可单身一辈子最酷？比起装酷，或许我们都更愿意蜷缩在一个不会让人有任何戒备的怀抱里呼呼大睡。

　　我们都渴望在最好的年纪遇上最对的人，谈一场专情而漫长的恋爱。只是有些人的出现，注定是来教会你什么叫作遗憾和错过。

　　也算是没有白白遇到过吧，但他（她）只是一个永远停留在脑海里的过客。

　　抱歉，在我最无能的时候爱上了你。

她对你毫无期待，
你便对生活丧失了所有期待

自从喜欢一个人，渐渐习惯一个人；由于失去一个人，变得只想一个人。

— 1 —

把喜欢的人从微信中删掉是什么感觉？

删除只是一瞬间，抹不掉的是被渐渐毁灭的几年满心期待的时光。

我以前很幼稚，特别喜欢在微信朋友圈里转发一些小测试，测试朋友圈里有谁会向你表白，测试朋友圈里谁最了解你，测试哪个微信好友与你最般配，甚至玩"想打我的请点赞"这种无聊的测试。而这些都是我想借着发朋友圈状态的名义发给某个特定的人看的，如果对方给了我一个赞，就仿佛是参与了我的整个人生。

我有个好朋友更是充分运用了微信的分组功能来吸引男神的注意。

她单独给喜欢的人分了一个人的组，然后每天疯狂地刷朋友圈状态给那一个人看。

这些内容虽然占据了他整个朋友圈的页面，但她依旧远在他的世界之外。

每个人都害怕自己的内心被不熟的人窥视到，可你却在朋友圈频繁地对着五百个微信好友说心情，其实只是希望有一个人能看到。

后来他不在你的联系人列表里了，你也懒得再频繁地发朋友圈状态了，因为已经丢掉了被他嘘寒问暖的期待，所以小心翼翼地把自己的情绪收起，不想给谁看，不知道给谁看，谁看都无所谓，谁看都没意思。

开心时，自己笑笑就好；难过时，自己睡睡就好。

以前觉得需要被人重视的情绪，现在懂得，原来这些心情自己一个人知道就好。

— 2 —

电影《当哈利遇上莎莉》中有一段经典台词:我爱你在气温22摄氏度时还觉得冷;我爱你花一个半小时考虑吃什么,最后只点了一个三明治;我爱你用好像我是一个傻瓜一样的眼神看我时鼻子上挤出的皱纹;我爱你在与我见面后留在我衣服上的香水味。每天晚上睡觉前,我最想与之交谈的人是你。现在我站在你面前,并不是因为我寂寞,也不是因为今天是除夕,因为如果你想要与某人共度余生,那么你就会希望余生尽早开始。

而如果你喜欢的人不喜欢你,你会很容易失去在生活中的最简单的快乐。

你会没有兴致出去参加朋友们组织的聚会,满脑子都是一个人的脸,见到谁都开心不起来,别人的狂欢更容易衬托出自己的孤独。

你虽然会沉浸于酒瓶碰撞的灯红酒绿的气氛之中,但脑海里却是一片无人关心的空落。

谁给你发消息都会觉得是打扰，因为那个刺眼的小红点旁边没有像你预料的那样出现对方的名字，想欢呼却是空欢喜。

越壮丽的风景越让人徒增悲伤，因为总在想：为什么你不在？

越热闹的场景越让人感到寂寞，因为总在想：为什么你离开？

原本想找一个人共度余生，可那个人不是你，余生从哪里开始，又到哪里结束，突然没有那么重要了。

有一个人对你毫无期待，你便对生活丧失了所有期待。

自从喜欢一个人，渐渐习惯一个人；由于失去一个人，变得只想一个人。

这样对待感情是不成熟的，是最无法抑制的颓唐，是失望战胜理智和动力时的情绪最普遍的状态。

— 3 —

曾经喜欢一个人，现在依旧一个人。

过于矫情是源于太过深情。

所谓的天赋，只不过是义无反顾

　　我一直很想拥有《生活大爆炸》中谢尔顿仿佛看空一切般的"傻性"。

　　谢尔顿是典型的完美主义者，极度自负，不愿相信世界上有比他聪明的人。他是一个木讷到极致的物理天才，缺乏社交能力，具有一种把自己的女朋友处得像兄弟一样的神奇能力。

　　他无法理解凡人的幽默，自然也在很长一段时间里都无法理解我们俗人终其一生在另一个人身上追求的爱情。

　　所以在好友结婚时，谢尔顿的祝福语是这样的：

　　人穷尽一生追寻另一个人与之共度一生的事，我一直无法理解。或许我自己太有意思，无需他人陪伴。所以，我祝你们在对方身上得到的快乐与我给自己的一样多。

　　我曾发过一条微博：想拥有一种能力，不会牵挂任何人，不会爱上任何人，一辈子的痛苦瞬间减少大半。

　　可幸福也减少了大半。

喜欢一个人是不可抑制的天性，习惯一个人也是我必须去学习的技能。

在一个人生活的过程中，要慢慢学会在自己身上挖掘更多的乐趣，学会不把另一个人当成自己所有快乐的来源，才能让自己不轻易感到悲伤。

情欲旺盛的爱无能患者

....

爱是突如其来的自然流露，而不是步步为营；爱无能本是人生常态，
无人能治，也无需治愈。

我的某位好友换女朋友的速度，总让我联想起泰勒·斯威夫
特换男朋友的速度。

他总是猝不及防地就宣告脱单，过不了多久又急急忙忙地陷
入失恋。我形容他每次的恋爱就像赶限时的场，赶完一场又一场，
走马观花，挑挑拣拣，还未见从场上收获了什么，就匆匆换场。

我曾问他："你确认恋爱关系的时间也太短了，维持恋爱关系
的时间也不长，你真的喜欢那些姑娘吗？"

他说："喜欢啊，真的喜欢，只是喜欢终究变不成爱罢了。"

我再问他："那你有爱过一个人吗？"

他坦诚地说："还真没有过那种体验……"

他就是典型的爱无能患者。

强烈地渴望爱与被爱，是人根深蒂固的天性和难以被磨灭的需求。凡是人情欲都很旺盛，但与旺盛的情欲不匹配的是爱的能力不够，爱的概率太小。

喜欢的确无法等同于爱，喜欢只是爱的基础，而不是爱的全部。

比好感深一点的感情叫喜欢，比喜欢深更多的感情就叫爱。遇到真爱有多难？有人曾经计算过，两个人相识的概率是0.0000005（千万分之五），相知的概率是0.000000003（十亿分之三），相爱的概率是微乎其微……

我的这位死党是现在情感鸡汤文中口诛笔伐的渣男吗？当然不是，他对每一段感情都足够认真，只是爱不起来，又和常人一样情欲旺盛，所以循环往复穿梭在并没有爱的恋爱关系中。

爱无能分很多种。

第一种爱无能，感情经历丰富，却散发了二十多年单身者的芳香，从来没有真正爱上过一个人，不知世人汲汲追寻的真爱到底为何物。

我上面提到的那位好友，是属于恋爱经历丰富，爱情经历却为零的人。

还有一个异性朋友，纯粹是大龄未婚女性中的一朵圣母白莲花。从小家教严，导致她性格太过内敛，别说男朋友，连男性朋友都没怎么接触过。长大后的她根本不懂怎么和男生相处，她的心仿佛从来没有对任何一个男生有过一丝悸动，所有的异性都被她处成了好哥们儿。

很多人说她生性高冷，不易接近，甚至有人因为她的一头短发和二十多年的单身经历开始对她的性取向议论纷纷。只有我们几个好朋友清楚，她性别女，爱好男，可男女之间的情愫对她来说一直显得遥远而陌生。恰恰是因为她性取向正常，所以在最容易动情的年纪却从来没有爱上过一个人，就显得不正常了。

是她不想爱吗？其实她也想。她也会急着找人帮忙介绍对象，她也会把手机屏幕背景图设置成年轻帅气的男孩，一边花痴一边幻想自己未来的白马王子。谁会甘愿与人世间最美妙的爱情无缘呢？可她真的就是爱不上。这就是典型的爱无能，她自己也无能为力。

第二种爱无能，可能是爱过，痛过，纠缠过，哭闹过，歇斯底里过，撕心裂肺过，而今便很难再爱上另一个人。因为深知爱之深，痛之切，害怕受到二次创伤，所以对爱产生了恐惧和抵触。爱若曾让心沉重，便再难心动。

一位读者留言给我说了她惨痛的爱情经历：

她18岁时，爱上初恋，情到浓处便把第一次给了他。他不想戴套，说戴套就扼杀了第一次的仪式感。年少无知，她只懂盲目地爱，却不懂保护自己。因为爱，她对他百依百顺，从未采取过保护措施，最后怀孕了。她才18岁，还在念书。

这个结果犹如晴天霹雳，惶恐、忧虑、害怕、慌乱一时间塞满心头，让她不知所措。而她男友得知这个消息，没有一丝犹豫，没有半点关心，第一句话就叫她去打掉孩子。她感到心寒，却又无能为力，为了要钱做手术，她有生以来第一次骗了父母。他为了避嫌，让她一个人去黑诊所做手术。手术后才一个星期，他就提出性要求。她心有余悸，坚决拒绝。不出一个月，他便有了新欢，抛了旧爱。

十多年后，她已嫁为人妇，生活安稳，却谈不上幸福。她并不爱自己的丈夫，只是因为"女大当嫁"的世俗观念而成婚。

她说，自从那次经历以后，她似乎已经丧失了爱的能力，不敢爱，怕受伤害。

我一直坚信，谈过再多次的恋爱，也不代表认真深爱过。对于那些已经步入婚姻殿堂，甚至膝下儿孙满堂的人来说，也不一定体验过真正的爱情。

因为情欲是人性中最基本、最难以克制的欲望，我们强烈地需要爱与被爱。渴求耳鬓厮磨的陪伴，寻求朝朝暮暮的思念，所以很多人失恋不久，就又马不停蹄地挽上另一个人的手，开始下一段感情。

握过的手掌都同样温暖，靠过的肩膀都同样厚实，搂过的细腰都同样曼妙，唯独没有体验过爱情产生时，摩擦出的绚烂火花。所以我们的内心依旧会感到失落，在没有爱的关系中无所寄托，在望眼欲穿地等待真爱的过程中，和喜欢的人挥霍情欲，却难以遇到深爱的人，和他（她）在一个洒满夕阳的傍晚紧紧相拥。

但是爱太难了，要看对眼，要小脸通红，要小鹿乱撞，要包容，要忍让，要磨合……

爱情是一颗心对另一颗心的悸动，是一个灵魂与另一个灵魂的对话。爱情毫无道理可言，爱无能也没有灵药可以即刻治愈，我不想强行给出解决方案。所有的恋爱教程不过是以爱的名义教你如何去撩、如何去勾搭，但是爱本无章法，无人能教。

爱是突如其来的自然流露，而不是步步为营；爱无能本是人生常态，无人能治，也无需治愈。

如果无力去爱人，那就把省下来的时间和精力用来爱自己。遇不到你，所以我要更爱我自己；遇不到更好的人，那就遇到更好的自己。

希望在未来的某一天，在一个蝉鸣不停的午后，树叶在炙热的阳光下留下一片清凉，我懒散地坐在树下，不经意间抬头一瞥，在熙熙攘攘的人潮中一眼就看到了你。

那时的我，是最好的我。希望我能在迟到许久的年华里，不急不慢地去爱你。

你可能一辈子也遇不到合适的人

你为什么不谈恋爱？——因为遇不到合适的人。

你为啥又分手了啊？——因为遇到的人不合适。

不好意思，你可能一辈子也遇不到合适的人了。

有多少人的单身宣言，一直是"我在等那个合适的人出现"。

可现实是，你遇到了很多人，错过了很多人，虽然你已经谈过很多次恋爱，但你始终没能遇到一个合适的人。看到恩爱的情侣，你埋怨、嫉妒："为什么我就遇不到一个合适的人，谈一场甜甜蜜蜜的恋爱？"

不是上天不眷顾你，而是遇到一个合适的人，**本身就是极小概率的事**。

什么样的人才能够被称作合适的人？

对女人来说，那个他，能够包容你所有的脾气和所有的缺点，在你无理取闹时还可以一把将你揽进怀里，亲吻额头，给予一个大大的拥抱；他能够比你的闺蜜们更准确地察觉到你的坏心情，并用最合适的方式给予最恰当的安慰；他还要三观和你高度一致，五官符合你的审美；在他眼中你就是在世貂蝉、转世杨贵妃，无论身边有多少美少女围绕，他都能不为所动还会深情地凝视你，说"你才是最美的"。

对男人来说同样如此，她要貌美如花，还要善良顾家，最好还能和自己一起打LOL（英雄联盟）。

可是和男朋友在一起打LOL时候的女生，表情估计也和LOL差不多吧。

所以你所想的合适的人，其实就是你心中最完美的人。

遇到一个完美的人有多难，遇到一个合适的人就有多难。

很多人拒绝别人或者分手的时候都会用"我们不合适"来当理由：性格不合适，长相不合适，生活方式不合适，饮食习惯不合适，等等，这都是不合适啊。那么多可以证明我们不合适的理由摆在眼前呢，不合适怎么在一起呢？简直让人无法反驳。

你说："不是啊，我的要求哪有那么高，我只要性格合适就可以了。"

其实，性格合适，才是最高的要求。

两个完完全全不同的人，性格注定是不同的，看起来性格合适的两个人，都是经过了一段时间的磨合的，双方各退一万步，收起自身尖锐的刺，才能最终换来一个温暖的怀抱。

有个老友和男朋友腻歪到不行，每天在朋友圈上演遇到真爱的剧情，可最终还是分手了。问及分手原因，她说："我太敏感，他太慢热，性格不合适。"

比如，她喜欢在聊天的时候用各种颜色的文字和表情来卖萌，男朋友回复都是用简单的文字，她深深受挫，觉得没受到重视。她觉得他应该是最懂她的人，她说半句话他就应该理解，当她说了两句话他还不能理解的时候，她就觉得他们不合适了。凡是让她感动的，男朋友也应该感动；凡是她所重视的，男朋友也应该重视。如果男朋友做不到和她有一样的想法和感受，她就归结为性格不合适，两个人也没办法在一起过往后的日子了。

如果他喜欢结交朋友，你就让他去，那是他生活的一部分。不要因为你习惯了占有，就觉得他的生活时刻都要以你为中心。只有这样，你们才是适合对方的人。

如果她偶尔无理取闹、摆摆臭脸，你要多体谅，不能因为你习惯了主导，就认为她一定要对你百依百顺。只有这样，你们才是适合对方的人。

不要把任何事情都上升到"性格不合适"这个层面上来。合不合适不是以你们之间的不同点去判断的，而是以你们肯不肯去接受对方的不同点来判断的。

我们的个性中都应该有独立于彼此而存在的部分，我们也都应该学会去接纳彼此与我们不同的价值观和生活方式。

所以你遇不到合适的人，不是你们不适合，只是你们不肯磨合。

无法接受你们之间的差异不是不合适，无法磨合你们之间的差异才是真的不合适。如果有一天你们真正为磨合而做出了一定的努力，发现结果真的不尽如人意，再说出"我们不合适"也不迟，如此能少一些错过的遗憾，这才是对双方都负责的做法。

不要总拿不合适来当借口，去掩饰你不愿意去退让、去改变、去包容的心理。

不要整天想着遇到合适的人，那个人不是靠想象得来的，也不是干等着遇到的，而是要靠我们在进入彼此不同的人生时，不断地磨合和互相退让而来。

你收一收你的"玻璃心"，我放一放我的"直男癌"，让我们慢慢变成适合对方的人。

胆小鬼活该得不到爱情

真正的痛苦不是天生没有勇气，而是明明人人都在为你摇旗助威，你却还是哆嗦着躲在角落里。

— 1 —

前几天我发了条微信朋友圈状态，感慨身边又一个兄弟脱单了，因为他分手之前也没公开过恋情，所以我没透漏他的名字，在微信朋友圈送上了我的祝（不）福（屑）。

才过了几分钟，我就收到"某姑娘"火急火燎的询问："你说的那个脱单的兄弟我认识吗？"

我丢了个"擦汗"的表情过去："放心，不是你喜欢的那个他。"

"某姑娘"如释重负："那就好，吓死我了！"

"某姑娘"一直暗恋我的另一个朋友，看到我的朋友圈，她还以为我在说她暗恋的那位。

暗恋令人容易变得草木皆兵、疑神疑鬼，有任何风吹草动，都可以联想成是他和别人之间发生了什么。

再胆大的人在暗恋对象面前都会瞬间变成缩头乌龟。

"某姑娘"甚至连"×××是不是脱单了"这句话都不敢问我，只敢探头探脑地问："你说的那个脱单的兄弟我认识吗？"

"某姑娘"问我："你觉得我该不该表白？"

我敷衍地回答："该。"

反正她不敢。

这个问题她都问过我无数遍了，至今一次行动都没有。

我问她："你为什么不敢表白？是害怕表白本身还是害怕表白后被拒绝的尴尬？"

她回答："都怕。"

我再问她："那你还害不害怕在你犹豫不决的时候，他被别人抢走了？"

她回答："更害怕……"

我引用了一句著名的文艺鸡汤来安慰她说："也许你就是宁愿失去也不愿意主动的那种人吧！"

她狂躁地发来几句话："你去死！我才不要失去他！不要！我会主动的！你等着！"

没过几天，她又来问我："你觉得我该不该表白？"

我真想说，胆小鬼活该得不到爱情！

— 2 —

胆小鬼在喜欢一个人的时候总会拖泥带水、伤人伤己。

女孩 A 暗恋一个男生，在外人眼里，两个人的关系其实挺暧昧的，平时也会一起出去吃个饭、看个电影，网上聊得也挺热络，似乎离他们在一起就差一个表白了。

可两个人却一直没有在一起。

原因是女生在纠结要不要表白，可又拉不下脸，怕自作多情，所以只能傻等男生的表态；这个男生呢，又天生不主动，磨磨唧唧，对待感情就像买股票，再等等，再观望观望。

于是女孩 A 就伤心啊！撩我又不和我在一起，渣男！于是一怒之下，她答应了另一个男生的追求，把喜欢的男孩子冷处理了。

男生也苦恼啊！哈？怎么就脱单了？和我一起看电影算什么？和我暧昧算什么？竟然把我当"备胎"？渣女！

实际上呢，两个人的情况是你喜欢我，我也喜欢你，可我就不告诉你我喜欢你，我就不，我就不！再等等，再等等！可是结果往往是越等越会胡思乱想。

而女生等得太久一般会得出一个结论：你不爱我！

于是乎，初见满眼柔情，再见变成仇人。

—3—

磨磨蹭蹭、犹豫不决都源于控制不了内心的胆怯，扭扭捏捏的姿态都源于看不清楚对方的想法。

TA喜欢我？TA不喜欢我？TA到底喜欢不喜欢我？

表白？害怕！不表白？难过！到底表不表白？纠结！痛苦！

表白失败的结果有哪几种？

第一，表白失败——对方委婉拒绝，表示还可以继续做朋友。

你假笑着接受："呵呵，好吧，其实这样也挺好，哈哈……"

但其实你心里还是会难过，毕竟谁也不会甘心和自己喜欢的人只做朋友啊！"一见到你就想和你在一起，我怎么和你做朋友啊？"从此江湖再见只剩无穷的尴尬了。

第二，表白失败——对方残忍拒绝，表示绝对不可能。

不用说，你更难过了啊！你的heart（心）被深深地hurt（伤害）了，你的life（人生）没有了hope（希望），你流干了tears（眼泪）却甩不开heart里对他的love（爱）！

别问我为什么突然中英文夹杂，人家表白都失败了，变成神经病有什么大不了？很奇怪吗？

发现没有，这两种结果和不表白几乎处在同样的境地：痛苦的原因各有不同，但都是痛苦。

不表白一定很痛苦，表白失败可能也很痛苦。

一不小心你表白成功了，会是什么结果呢？

结果就是因为勇敢而收获了一段真挚的爱情！这样何乐而不为呢？

你不在盲人面前脱光衣服，就永远别指望知道盲人是不是真的眼盲。

— 4 —

其实我觉得暗恋最痛苦的地方和上文的两种情况都没关系。

真正的痛苦不是天生没有勇气，而是明明人人都在为你摇旗助威，你却还是哆嗦着躲在角落里。

最痛苦的是，听过那么多有道理的话，你却仍然不敢表白！

总是谈钱的感情长不了

总是谈钱的感情，一定是因为没有剩下多少爱可以谈了。

— 1 —

在微信朋友圈看到一张图，图上是以下几句话：

有这样一部分女人，她们拥有强大的自信，认为：

男人挣钱就是给女人花的；

如果男人陪女人逛街，不买单的就赶紧甩了；

没有车、没有房的男人都是loser；

我嫁给你是你的福气，我爱干吗干吗，你管不着；

你的钱就是我的，我花你的钱是看得起你。

这位朋友还配了一句话："手动@部分作者。"

因为以上这段话的中心思想在微信公众号被无数鸡汤文拿来反复加工使用，火起来是必然的。

有一个读者，年纪应该比较小吧，蠢萌蠢萌地跑来问我："小狼，为什么好多微信公众号的文章都在说男朋友不给你花钱就是不爱你？"

我答不上来。我是一个穷人，既没有多少钱给别人花，更没有人拿钱给我花，实在懒得花时间去思考如此复杂又没有营养的问题。

不过我还是思考了一下。

— 2 —

"不给花钱就是不爱，爱就是给你花钱"，爱情的逻辑要是那么简单粗暴，情感专家、心理医生、妇女之友们早就饿死街头了。

每次看到那些劝诫姑娘们"男朋友不给花钱就赶紧和他分手"的文章，我就会恍惚产生一种错觉：写这些东西的人应该都是有钱人，他们的生活中完全不会出现"穷人"这种群体，所以才会把"他给不给我花钱"作为判断"他爱不爱我"的唯一标准，而不是设身处地去考虑"他到底有没有钱"。

而一旦涉及"他到底有没有钱"这个问题时，就是一个怎么也扯不清、理不顺的话题了。

他有钱，他要为你花多少才是爱你？标准和区间是什么？要不要和他的前女友进行横向对比？他都那么有钱了，为你花钱又能代表什么呢？反正不痛不痒啊，对吧？

他没钱，他不给你花钱，可能是房租又涨了，家里爸妈生病了，上个月花销太大了，这个月只能"吃土"了。即便他有100块，为你花了50块，你还是会失落啊。你看别人家的男朋友买了×××名牌。如果他只有100块，而你又想要10000块的礼物，你小小的虚荣心得不到满足，表面上不哭不闹，但心里可能在默默上吊。

钱能不能衡量爱？在一定程度上是能的。对一个人有感情，自然不会吝惜为对方花钱，前提是有钱可花。

但钱能不能成为爱的标准？不能，一定不能！

爱得多空虚，才需要用钱来填补我们之间关系的裂痕。

— 3 —

现在谈恋爱总是有一种这样的风气：不和物质扯上点关系，都不好意思说自己在谈恋爱。

可是总是谈钱的感情，一定是因为没剩下多少爱可以谈了；没有什么爱可以谈的感情，可能是因为谈钱谈得太多了。

不是这个观点太超脱尘世，太清新脱俗，只是谈了太多钱，我们都很难再相信单纯的爱情了。

我的钱和谁都百搭，我的爱只对你钟情。为了避免谈钱伤感情，不如我们把感情都消磨殆尽吧，这样就不怕谈钱会伤到谁了。这就涉及了一个伦理哲学（其实我不知道是伦理还是哲学，索性都写上了）问题了：你愿意用金钱换感情吗？

10万元——不愿意！

100万元——待考虑！

1000万元——什么时候可以换？

你看，既然很少有人能在金钱面前不乱阵脚，我们还是少谈点钱，多谈点恋爱吧。

—— 4 ——

其实比起和你谈钱，我更想和你一起赚钱。

我和谁都可以谈钱，但只想和你一起赚钱。

比起找一个在一起只能谈钱的人，我相信更多人会希望找一个能一起赚钱的人。面包要自己赚，安全感才能自己给。

不是说要找个一起吃苦的人，用蔡康永的话来说："不是去爱那个本来就很美的人，而是去爱那个能使你的世界变美的人。"

有钱谈，真好！没钱谈，也好！反正有你，那就一起挣咯。

先找好人生方向，再说享受单身

有些人注定是会单身一辈子的，你怎么确定那个人不会是你？

—1—

前几天我在微信公众号里给关注我的帅哥、美女和土豪们说了一句"晚安"，没想到收到一条丧心病狂的回复，这条回复有理有据地对我造成了一万点伤害。

18岁以下请不要继续往下看。回复的具体内容是这样的：

小狼，我刚过完性生活，没有睡觉，而是看你的公众号。为什么呢？因为也就只有你没有性生活，然后熬夜给我们推送文章。

看到这个回复，我真想哭。

我是一个如此热爱写作的人，那天第一次开始怀疑我的梦想，动摇我的信念，唾弃我的人格。

这个世界的恶意已经把关爱"单身狗"的人道主义精神吃得一干二净。

这位读者只是开了一个小小的玩笑，但是因为他的一句话戳到了我的痛点，我便开始非常认真地思考起了一个问题：我会不会单身一辈子？

不是只有我会这样想，我收到过太多类似的留言：

"不知道为什么，我就是没有办法喜欢上一个人，从小到大都没有体会过爱一个人的感觉。"

"虽然谈了很多次恋爱，可是并不是和爱的人谈恋爱，感觉这辈子再也找不到真爱了。"

"和前任分手已经很久了，感觉自己已经丧失了爱上另一个人的能力。"

"不愿意将就，所以即使自身条件不错，我也选择一直单身……"

我会不会孤独终老？我会不会单身一辈子？我会不会永远遇不到合适的人？

答案是，完全有可能啊！

每当有朋友聊到以后结婚生子、成家立业的事，我都会开玩笑地泼一盆冷水："你怎么确定你一定嫁得出去？你怎么确定你一定娶得了，哦不，娶得起老婆？"

原因很简单啊，全世界的男女比例都严重失衡。人们没办法按照1：1的比例来寻找另一半结合。加上性取向的多元化、婚恋观的复杂化、个人际遇的随机性等原因，能不能遇到陪你共度一生的伴侣就更难说了。

总而言之，注定是有人会单身一辈子的，你怎么确定那个人不会是你？

— 2 —

当然，我并不是说单身生活就一定是凄惨的，现在很多人都心甘情愿地坚持不婚，甚至坚持不谈恋爱，日子照样过得有滋有味。因为单身，没有爱情的羁绊，所以可以无所顾忌地随时进行一场说走就走的旅行，丢掉牵挂，解开束缚去翻山越岭、披荆斩棘；因为单身，所以不用迁就，不用讨好，不用去为另一个人的喜怒哀乐小心翼翼，可以闲庭信步，坐看花开花落，漫看云卷云舒；因为单身，所以可以随心所欲地支配自己更多的时间，可以和朋友相约一醉到天明，再一睡到天亮，爽。

我也曾固执地向往着单身带给我的种种好处，可是现在，我越来越害怕我会一辈子都单身。

在网上看过一个视频，大意是：

养老院里一位年老体衰的妇人，头发花白，牙齿几乎已经掉光，脸上堆满的皱纹已经难以让人看清她的表情。她一个人在餐桌旁佝偻着腰，试图拿勺子把碗里的豆子送进嘴里，却因为手一直在剧烈地抖动而无法吃到豆子。

即便是连举手的力气都没有了，她还是一遍又一遍地尝试着，神情也越来越痛苦。养老院里的工作人员见状，过来帮她，却被她倔强地拒绝了。

老妇人握着勺子的手颤抖得越来越厉害，把最后几粒豆子撒到地上的时候，她无奈地丢下了勺子，独自掩面啜泣。

我很害怕年老之时，我会和这个老妇人一样无依无靠，面对困难时无所适从，在没有家人陪伴的养老院睁眼数着剩下的日子，等待死亡的判决书。

很多人随着年龄渐长，不用七大姑八大姨逼婚，自己也会着急，甚至开始放下单身贵族的骄傲去相亲。

— 3 —

最近在给一家意大利主题酒吧做营销推广的策划，老板娘黑羊姐就是个四十多岁的超级大龄"剩女"。

她在我们市地段最贵的街区开了一家酒吧，主打意大利纯正的手工精酿啤酒，并且投资了自己的手工精酿啤酒厂。虽然奔波劳苦，但是她仍然把生意做得风生水起，尤其是在外国人群体中知名度很高。

她告诉我们，其实做酒吧只是她的爱好。因为她在意大利留学时很喜欢那里的手工精酿啤酒，所以回国后想把意大利手工精酿啤酒推广到国内。

她开酒吧当然也想赚钱，但不是为了赚钱而开酒吧，她不缺钱，只是想在人生中的不同阶段尝试做一些不同的事情，因为她有能力为她想做的事情买单。

初识黑羊姐的时候，我们都以为像她那么优秀的女性，背后一定也有一个很了不起的老公。

可实际上黑羊姐到四十多岁了还是单身。

准确地说，她的少女时代也有过为数不多的几段感情，只不过都无疾而终了。快到三十岁还没遇到自己的 Mr. Right，她觉得自己可能真的会单身一辈子，于是拼命赚钱，因为怕以后一个人养不起自己。

现在，她成了名副其实的单身贵族：单身且有颜，还不缺钱。

因为单身，所以一个人要付出比两个人还多的努力啊。

— 4 —

年轻的时候，我们都有潇潇洒洒独自浪迹天涯的勇气和决心，等到年老时见惯了风雨，历尽了沧桑，我们也希望有一个人能让自己愿意为他停住匆忙的脚步，一起相互依偎在亲手种满花花草草的小院，静看细水长流。

我们也希望在自己衰老得走不动路的时候，握在手上的不是冰冷的拐杖，而是陪自己相濡以沫的另一个人的手。

我们也希望在迟暮之年能偶尔被调皮的孙子惹生气，步履蹒珊地追着他，嚷嚷着要打他屁股，却一把把他搂在怀里亲他红彤彤的脸蛋。

可是，有时候你再怎么不愿意一个人，也不得不一个人，总有人注定会单身，甚至单身一辈子。

所以我们才要努力在单身的时候赚够一辈子要花的钱，这样一来，即使最后真的是一个人，也能养得起自己，有能力用更充实的人生去填补孤独寂寞的单身时光。

总有人会单身，总有人不甘于单身，愿你单身却不单调。

对一个人最极致的失望，也许并不是彻彻底底地厌恶，

而是，即便我还深爱你，

我也可以做到将这份爱完全压制在心底，

用你给我的伤痛包裹着我对你的喜欢，

然后选择离开。

第四章

我们凭什么要委屈自己

如何"杀死"忘不掉的前任

··

别妄想和你喜欢的人做朋友，因为你根本做不到。

我最近在追一部大尺度神剧《人渣的本愿》，简单地描述下它的剧情：男女主角真心喜欢的人都不喜欢他们，于是他们为了抚慰彼此的寂寞，就决定在一起做表面上的情侣，双方约定不能喜欢上对方，并且一旦对方找到真爱就分手。

整部剧的角色几乎都沉浸在"爱而不得"的痛苦中无法自拔，他们明明知道对方根本不可能喜欢自己，甚至只是在利用自己的感情，却又都死心塌地地愿意为对方牺牲一切，任由痛苦根植在自己的心中，让感情拉扯不清，但就是死活不放弃。

文艺青年们一旦陷入爱情，即使没有希望，也能够硬生生地编造出希望，以为感动自己就能燃起爱情的火花，喜欢把自己往死里作，不作都不好意思说自己爱过。

看剧的时候我觉得这剧情真够魔幻，但仔细一想，因为"爱而不得"而自我欺骗、自甘堕落，甚至自我毁灭的人在生活中也常常遇到啊。

如何才能忘掉那个不喜欢自己的人，简直成了千古难题。

作为一个每次都能成功喜欢上不喜欢自己的人的过来人，我决定用我丰富的经验为痴男怨女们做一点微小的贡献，教你们如何快速"杀死"心中那个忘不掉的人。

— 1 —

想清楚第一件事：别妄想和你喜欢的人做朋友，因为你根本做不到。

以朋友的身份去爱一个人，听起来既文艺又感人，实际上是虚伪又造作，那种痛苦哪里是一般人能承受的？作为一个朋友，你有接近 TA 的权利，但是你必须忍受"想触碰又收回手"的痛苦。一旦爱上一个爱而不得的人，你的每一次靠近都只会给自己平添一份痛苦。两个人作为朋友的相处让你更加无法抹去在脑海中的记忆，越忘不掉就越痛苦，于是恶性循环。

作为一个朋友，你还要履行相应的义务：听 TA 诉说 TA 对另一个人的爱慕；帮 TA 达成对另一个人的追求；祝福 TA 和另一个人幸福。而这些对你来说又是另一份痛苦，你的祝福很可能是违心的，你的真诚很可能是伪装的，这样的"友谊"有什么意义再继续下去？不过是打着朋友的旗号自欺欺人罢了。

再说了，你想和人家做朋友，人家还不一定愿意呢！别自作多情了，洗洗睡才是硬道理，为了一个不可能的人伤心熬夜，最终获益的是那些护肤品厂商啊！

— 2 —

想清楚第二件事：感情是自私的，对自己有好处的感情才值得付出。

喜欢一个不喜欢你的人对你有什么好处？

锻炼你强大的内心?

教你学会自卑和敏感?

让你白白浪费赚钱、学习以及和其他人恋爱的时间?

教会你如何在被拒绝之后勇敢面对现实，不去跳楼自杀?

让你活在"以朋友的身份爱一个人"的"文艺毒鸡汤"中不可自拔，变得神经兮兮?

看吧，并没有任何好处!

所以，该断就得断，该忘就得忘，这才是成年人对待虐恋该有的态度，磨磨唧唧地纠缠也不会有什么好结果，何必让自己活在不切实际的幻想中，在另一个根本不想睬你的人身上浪费精力、消耗青春?

这明摆着已经是一场赔本的买卖了，而你还要在赔本的买卖里把自己变成廉价交易的货品，真替你爸妈不值得啊。

—— 3 ——

如果对方不喜欢你，要么你先拉黑TA，要么等TA拉黑你。

想清楚上面两个问题后，你就知道，这段虐恋是时候到头了，所以接下来的问题就在于：怎么断、怎么忘?

很简单，想方设法不要让TA的动态出现在你的生活中。

看不到的东西，自然就会慢慢忘记了，时间问题而已，十年后要是你对TA的爱还像当初那样浓烈、不可自拔，那还单恋什么? 我建议你去参加《最强大脑》，分分钟成为人生赢家啊。

其实，最好的做法是，**直接拉黑**，让他玩漂流瓶游戏都无法再遇到你。

屏蔽对方所有的社交圈，只有当TA的一切从此和你再无关系，你才能给自己机会去发现其他更有意思的东西，比如学习，嗯，我是认真的，学习才是永远不会亏本的投资!

或者养条狗吧，狗不会辜负你，当你发现狗都比TA爱你，你就知道原来你爱的人连狗都不如了，慢慢地你不就释怀啦?

当然，如果你喜欢更自虐的做法，就把TA和别人秀恩爱的照片设为电脑桌面，设为聊天背景，设为手机主页面……天天盯着看，效果等于天天给自己扇巴掌，告诉自己：你不可能！就像用针天天刺痛自己的心脏，刚开始一阵阵地痛，后面就会麻木了。

— 4 —

我有个哥们儿曾经给我推荐了一个走出情伤的方法，据说很有效，那就是不断地约会。

他是真的靠不断地约会去慢慢忘记那个不喜欢自己的人，据他所说，你会在约会的过程中体会到别人带给你的温暖和快乐，这种喜悦对于释放另一个人带给你的痛苦很有效果，并且，这种被不断接纳的感觉会带给人自信和满足感，在一定程度上可以填补TA不爱你的空虚。

有人说，约会之后反而更加空虚，我觉得，那是因为你没约对人，如果你能约到和你聊得来，又和你三观契合的人，你看你还会不会再惦记着那个伤害你的人。

不过，我不推荐这个方法！

毕竟有些人比较内向，不适合去频繁地接触陌生的异性。所以我还是建议从更长远、对自身更有利的方法去做，那就是努力赚钱啊，少年！

有句话说得好，穷人伤心都买醉，有钱人都买包。

你的经济能力在很大程度上决定你选择的能力。

没有钱，你只能在路边摊买醉，你只能靠麻辣烫疗伤，你只能在大排档痛哭；没有钱，你想远离伤心之地都买不起机票钱！

而有了钱，你可以去夏威夷一边看海一边难过，你可以去七星级酒店一边品尝高级红酒一边痛哭；心情糟糕透了就把新买的Chanel、Gucci包包往墙上砸，不为什么，图个痛快。

没钱你说"我不在乎"，别人会觉得你吃不到葡萄说葡萄酸；有了钱作为基础，你说"我不在乎"，别人为你"啪啪"鼓掌。

我不是在宣扬金钱论，让你努力赚钱的意思就是想让你靠自己的能力去爱、去争取，过上即使没有人爱你，你也能爱自己的生活。

— 5 —

说了那么多，我觉得最有效的方法还是表白。

当然，大多数人无法忘记不喜欢自己的人往往正是因为不敢表白。

但实际上，亲口听到对方的拒绝才是最好的解毒良药，如果对方都拒绝你了，你还不死心，那你脸皮也是挺厚的啊！

最后，如果你现在正在和一个不喜欢你的人在一起，那就不要再发私信问我诸如"我该不该和那个出轨的人 / 劈腿的人 / 不爱我的人在一起"之类的问题了。

请直接分手，如果分手后你还是忘不掉那个人，就请你再倒回去读一遍本文。

"我爱你，我只是不再喜欢你了"

爱是一种感情，喜欢是一种状态。感情还在，但状态已经没有了。所以，再见。

— 1 —

电影 *One Day*（《一天》）中有一幕，男女主人公时隔多年后再次相遇，彼此依然深爱对方，可惜在错的时间遇上了对的人。明明相爱的两个人却因为生活境遇不好而无法在一起。

他们相约在餐厅叙旧，德斯特嘴贱地贬低了艾玛的职业，惹怒了艾玛，艾玛掀桌走人。德斯特追着冲出餐厅的艾玛到了街上，大声向她道歉，艾玛停住脚步，转身走向德斯特，紧紧抱住他，哽咽着对他说："I love you, so much, I just don't like you any more."
（我很爱你，我只是不再喜欢你了。）然后，再次转身离开。

两个人依然彼此相爱，只是面对两个人完全不同的人生轨迹
和价值观，她不再渴望和德斯特长相厮守。

爱是真的爱，可不合适，也是真的不合适。

知乎上有人对"我很爱你，我只是不再喜欢你了"这句话的
理解是，如果你要死了，而我可以用我的死亡去换你的生命，我
会做。如果你好好的，我不想和你过。

— 2 —

你有没有爱上过一个不可能的人？

你也曾经期待和他一起，逃离钢筋水泥的大城市，躲到乡间，
看炊烟袅袅，闻麦香阵阵，生一个调皮捣蛋的儿子和一个文静乖
巧的女儿，养一只慵懒的猫，柴米油盐过一生。

你幻想过和他之间所有的可能，最终却发现他是你生命中的
一个"不可能"，或许因为山盟海誓敌不过两地分隔，又或许是因
为只有你在上演单恋的独角戏。

你开始努力忘记，主动拉远彼此的距离，可心里还依然爱着

那个不可能的人,那种心动的感觉很难消失,只是你不会再对这份感情产生过多的幻想、过高的期待、过分的奢求。

这就是爱还在,但不想再喜欢了。

你有没有爱上过一个渣男/渣女?

他对你好,但他也对其他人好;他欣然接受你对他所有的好,但是他从来不会给你任何承诺。

他撩得你心神不宁,但是他从来不说喜欢你;他给了你一份试卷,却不给答案。即便他给了你答案,也是一份人人皆可传阅的"参考答案",你依旧得不到任何安全感,未来模糊得看不清轮廓。

因为你爱他,所以你会为他找足借口。

他和其他人暧昧不清,你安慰自己说:"他只是喜欢交朋友罢了。"

他不回你消息、不回你电话,你安慰自己说:"他可能是太忙了。"

他从未在朋友圈公开过你们的关系,你安慰自己说:"他的性格本来就低调。"

后来你不再骗自己了，你终于明白，你只是一个以"男/女朋友"的身份存在的"备胎"，而他正在一堆"备胎"中积极搜索着下一任"男/女朋友"。

你会愤怒，会怨恨，会唾弃，但想起来还是会心痛，因为爱过便很难忘记，只是，再也不想靠近，不想再继续喜欢。

这就是爱还在，但不想再喜欢了。

你有没有爱上过一个不合适的人？

爱不爱、合适不合适是两件不同的事。

我曾经在《你可能一辈子也遇不到合适的人》里面说：有些人总是觉得自己遇不到合适的人，其实只是他不愿意与对方长时间的磨合。

也有人说："爱就是什么都忍了。"

但现实里有很多情况是，爱，但真的不合适。有的人能磨合出火花，有的人只能摩擦出裂痕，越是接触，越是发现彼此的矛盾不可调和。

嫁给爱情的人不少，因为不合适而离婚的人也很多。

分开的时候很难说不爱了，只是生活在一起真的很累，什么都要吵，什么都要争，什么都要怀疑，什么都不坚定。

不再喜欢，也许是彼此能为对方做出的最后一步退让。

这就是爱还在，但不想再喜欢了。

— 3 —

对一个人最极致的失望，也许并不是彻彻底底地厌恶，而是，即便我还深爱你，我也可以做到将这份爱完全压制在心底，用你给我的伤痛包裹着我对你的喜欢，然后选择离开。

我就是一个"宁愿失去也不愿意主动的人"。

中学时，我曾有过一段长达三年的暗恋，对方是我的好朋友，也是我人生中爱情的启蒙。那时候的爱情很纯粹，不用考虑钱，不用考虑距离，不用考虑生活，什么都不用考虑。可纯粹的爱恋并不代表就会简单美好，因为太纯粹了，所以爱就是爱，不爱就是不爱，没有第三个选项，你会很清楚地感受到自己的爱，也会很直白地体会到对方的不爱。

大学时，我再次爱上另一个人，又是一段漫长的暗恋。

因为两个人恰好互相喜欢的概率实在太小，所以大多数人都只能像我一样陷入一个最普遍的怪圈：我喜欢的人不喜欢我，喜欢我的人我不喜欢。

认清现实以后，我会选择逐渐疏远自己爱上的人，即便对方是好朋友。因为我实在不知道如果对方长了一张你一看到就想吻上去的嘴，还怎么做朋友。

对方不喜欢我，我就会很果断地选择放弃，不纠缠、不拖拉、不埋怨，很自然地离开，离得远远的。

当然我也会很难过，否则就不叫爱了。

— 4 —

感情上还是洒脱一点好。

后来我体会过在情人节那天独自在陌生城市四处游荡的孤独，我感受过作为单身者看到别人秀恩爱时的辛酸，我也经历过一个人看电影、一个人吃饭、一个人去海边散步的落寞……

可这些都比执着地爱一个不可能的人，爱一个不合适的人，爱一个玩弄自己感情的人要舒服得多。

这虽然很难受，但不至于心痛。我们要慢慢学会独处，学会独立。

偶像剧里的痴男怨女整天为爱哭哭啼啼，可那毕竟是有人付钱的。花钱才能拍得出影视剧里那些不接地气的爱情。

我们这些活在现实世界的人，不应该总被爱情拖住了赚钱和买面包的脚步。

反正，忘不了就别忘了，放不下就不放了，爱咋咋地。

只是，不该喜欢的人，就不要再喜欢了。

爱是一种感情，喜欢是一种状态。

感情还在，但状态已经没有了。

所以，再见。

突然不爱你了，就像曾经突然爱上你

从没想过会爱上的人，莫名其妙地就爱上了；一直以为忘不掉的人，不知不觉就忘记了。

— 1 —

你在百无聊赖地刷新着微信朋友圈，无意间看到他的动态："今天去看了《大鱼海棠》，画面很美，情节感人！"点开他配的图片，是两张电影票根。

"哦，那么玛丽苏的剧情，到底有什么好看的？"你在心里翻了个白眼，然后继续往下刷。

如果是以前的你，关注点肯定是那两张电影票根：有两张电影票？那他是和谁去看的？两个人去看爱情片？他是不是恋爱了？看完电影之后去干吗了？你越想越难过，越难过越想不通：

为什么和他看电影的不是我？为什么他开心时陪在他身边的不是我？为什么他不喜欢我？为什么我还总是对他抱有幻想？

可不知从什么时候开始，你不会再像以前一样看到他的动态就开始像做阅读理解一样逐字研读；你不会再关心他和谁在一起，做了什么你不知道的事；你不会总是臆测他的喜怒哀乐是不是与你有关。你终于明白了，其实你从未成为他生活的一部分，但是你再也不会感到难过了。

— 2 —

一大早，你急急忙忙地和他打了个照面，他和你打了声招呼："哟，这么忙是要去哪里啊？"你强行把嘴角往上拉，挤出一丝微笑，算是客套，对他说了句"哈哈，有点事"。然后你保持原有速度径直朝前小步快跑，心里暗暗骂道："该死的，上班快要迟到了！"

如果是以前的你，再忙碌也会为他停下脚步，你其实很忙，但你装也要装作对他有空。你会羞红着脸，强压着狂跳的心脏，没话找话地和他搭讪，如果能多看他几眼都感觉是上天的眷顾；

和他多待几分钟就能让你一整天的心情都荡漾在幸福的海浪上；路过他曾经出现过的地方，你都会停下脚步多张望几分钟，期盼着下一秒就是唯美的邂逅……

可不知从什么时候开始，你发现原来他也和别人一样啰嗦，他说黄段子和别人一样俗，他身上的味道和别人一样难闻。他在你眼中，已经不知不觉地变得和别人一样了。

在有他的地方，你的眼神再也不会像GPS（全球定位系统）一样自动去定位；在没有他的地方，你的思绪再也不会像损坏的放映机一样自动回放关于他的所有瞬间；你闭上眼睛，脑海里再也不会出现他的脸；你失眠一场，却不再是因为对他思念成疾，只是因为不想睡。

他从未察觉到你注视他时眼里情愫的波动，可你再也不会在乎了。

一切的改变，只是因为突然就不爱了，就像当初突然就爱上了。

— 3 —

爱一个人的过程是刻骨铭心的，但爱上的一瞬间却往往是模糊不清的。

不知道爱情是在哪一个我熟睡的深夜潜入我心里，不知不觉地把你的每一次傻笑、每一次无意的触碰、每一次拐角处的偶遇全部都深深地印刻在我心上，抹也抹不掉，擦也不擦不去。

从没想过会相爱的两个人，莫名其妙就爱上了；一直以为忘不掉的人，不知不觉就忘记了。

伤心伤心就好了，寂寞寂寞就忘了。没有撕心裂肺，也没有自暴自弃，也没有在暴雨天的操场上淋湿过自己，号啕着问过你"你为什么不爱我"；未曾像偶像剧里的人那样爱过你，也没资格用"傻白甜"的方式离开你。

毕竟越需要自愈，越不能嘶吼，大喊大叫的回音重新从耳朵灌回脑海里，痛苦的还是自己。

因为要留时间阅读很多有用的书，做很多痛快的运动，所以只能忘掉那个没有可能的人，爱他太累，耗尽精力，让人颓唐与无力。

明明你在我心里占了好大一块地方，却总是让我感到极度空洞无助，因为要留精力认识很多优秀的朋友，所以只能把你的位置从心里空出来。

最后，我选择了自救。因为喜欢你，让我错过了太多有趣的东西。

你夺走了我欣赏美景的能力，因为无论我走到哪里，思绪都滞留在你身上；你夺走了我与人交际的能力，因为我看谁长得都像你；你夺走了我努力变好的能力，因为我用来思考的时间都忍不住想你。

仔细一算，喜欢你，真的很亏本！

有事没事就想你，真是白瞎了我过人的头脑和智慧。

不好意思，突然，就不爱你了。

爱情里的细节就是最大的安全感

··

爱情里的安全感，就是你在我身边，我就多了一份铠甲、一丝安定；你离开我的时候，我不会心慌意乱、疑神疑鬼，因为你的余温，会久久不散。

在爱情里，一个没有安全感的人往往都会忍不住地去猜疑：他有没有真心爱我？他是不是心里有鬼？他会不会外面有人？

说真的，如果你的对象没有给你足够的安全感，那么他还不如一个杜蕾斯有安全感，你和他谈恋爱还不如去跳广场舞。

和有些人谈恋爱最大的作用就是，除了能把这段关系当作回绝陌生人勾搭的挡箭牌，其余时间过得和单身无异，甚至比单身更惨。

处在恋爱的状态，却只有单身的感觉。谈恋爱让人最心慌的一点就是，我热情似火，你冷若冰霜；没有你，我无所羁绊、一身轻松，有了你，我群疑满腹、心神不宁。

— 1 —

倒追男神成功还得幸福美满这回事，目前我只在《恶作剧之吻》里面看到过。

所以当我得知凯子成功和她的男神确认恋爱关系的时候，还以为她是因为思念太深，求而不得，开始精神恍惚了。事实是，凯子之前就向她的男神表过白，他给她发了张"好妹妹"卡，然后顾左右而言其他地岔开了话题。

如果是一般的小女生，应该早就备受打击，然后要暴饮暴食几个星期才能走出伤痛吧？凯子没有，她也难过，但可能因为性格比较刚强，她不但没有放弃，反而更坚定地想要追到男神。

因为她觉得男神没让她难堪，很有风度，她果然没有看错人，于是继续明里暗里地表明心意。

反正不知道她使用了什么手段，第二次表白之后男神就和她在一起了，耗时长达一年多。

爱情来得太快就像龙卷风，爱情走得更快就像风卷龙……

　　两个星期还没到，她就哭着跟我们几个朋友说："不谈了，分手了，累。"

　　怎么个累法?

　　她发微信给男神，男神几乎没有在十分钟以内回复过。

　　"我们明天去看电影吧，你想看什么?"

　　"嗯? 在吗?"

　　"你在干什么啊……怎么不说话。"

　　她像对着个手机自顾自说话的神经病，发发发，等等等，半天过后，男神回复"在忙""?""……""哈哈""好吧"或者直接丢给她一个不知道要怎么回复的表情。

　　男神从来不主动约她吃饭，不主动和她说"晚安"，不主动带她见朋友，不主动和她说自己的事。她从来不敢撒娇问男神"你到底爱不爱我"，因为她害怕收到三个句号，害怕收到一个擦汗的表情，害怕收到一句"你无不无聊"。

　　原本宅得不行的她，曾经来回坐了四个多小时的车去乡下摘杨梅带回学校给男神。到男神宿舍楼下，她发消息给他说："快下来，带了杨梅给你。"大晚上一个人蹲在铁门边，满心期待着男神看到她的心意会摸摸她的头，给她来个"壁咚"。可她足足等了快一个小时也没收到回复，由于天气闷热、蚊子多，她的脚上被咬得全是包，好不容易等到男神回复，却只有一句："我怕酸。"

一年前他们还没在一起的时候，她清清楚楚地记得他在朋友圈发了条动态，说自己爱吃杨梅，于是，凯子便默默记在了心里，可他似乎忘了凯子在成为他女朋友之前已经是他的微信好友了。

想起两个人牵手时的情景，她握得比他更紧；想起两个人聊天时的情景，她永远是那个发消息到最后的人。

这段关系让她感到极度没有安全感。空有恋人关系，却感觉抓不住对方的心。

爱情中阶级可以不对等，门户可以不对等，但彼此付出的感情必须要对等，否则算什么爱情？一方爱得比另一方更多，于是我追着你，你躲着我，站在你身边，我却找不到可以依靠的地方，失去了安全感，再深厚的感情也会被逐渐消磨殆尽。

—2—

　　婚纱、钻石或许太遥远，山盟海誓或许太虚幻，但成熟的爱情至少要在相处的过程中懂得给彼此安全感。

　　安全感不是形影不离地时刻陪伴在对方身边，充当"中南海保镖"的角色，恋爱需要的安全感，往往都是细节。

　　我另一个朋友刚开始谈恋爱时，她和男朋友接触起来扭扭捏捏的。他羞于主动亲热，她不敢主动撒娇，感觉就像两个不熟的人硬凑了一对CP（搭档）。我们给他们俩取了绰号：一个叫"尴哥"，一个"尬姐"，合称"尴尬双煞"。

　　但"尬姐"却死心塌地地整整跟了"尴哥"四年，问他们当初是怎么克服尴尬走到现在的，"尬姐"说，源于安全感。

　　他手机要是没电，会提前发消息给她说："我手机快没电了，找不到我别担心。"实际上她并不是一个时刻都要黏人的女朋友，也从没因为他不回微信就炸毛，但他懂得如何让她暖心、如何让她安心。

　　他主动带她去见自己的朋友，带她融入自己的圈子，让她知道自己在和除了她之外的谁相处。因为她不会喝酒，所以他从来不对她说："在朋友面前记得给我面子，喝几杯又如何？"送到她面前的酒，最终都跑到了他的肚子里。他喝得很醉，但一直牵着她的手，不让她离开自己，怕她面对一群不熟悉的朋友时感到不自在。

所以，在他们的爱情里，细节就是安全感。

— 3 —

人心太杂，世界太乱。爱情，不过是为了在充满不确定的人生中，求得一份安全感。

若是双方都能感受到情感上的安全，这份感情自然不会危险。

如果谈个恋爱还要四处求证：他有没有真心爱我？他是不是心里有鬼？他会不会外面有人？

时刻警惕，十面埋伏，草木皆兵，多累！谈这种恋爱，不如去跳广场舞。

爱情里的安全感，就是你在我身边，我就多了一份铠甲、一丝安定；你离开我的时候，我不会心慌意乱、疑神疑鬼，因为你的余温，会久久不散。

如果你感觉不到爱，那就是没有

爱若换不来回应，再痛也该割舍。忘记你很难受，
但一定比爱你舒服。

情感励志文写多了，我经常会收到这样一个问题：

我爱的人不爱我，我该怎么办？

我觉得这个问题可以纳入"世界上最自欺欺人的问题""世界
上最容易回答却又最难解决的问题""世界上为数不多的明明知道
答案却还是有人要问的问题"等榜单……

你该怎么办？你想怎么办？你能怎么办？

面对一个不爱你的人，你总是束手无策，没了头绪，乱了阵
脚，慌了心神。

不对等的爱是无解的方程，他是 Y，你是 X，他若不爱你，你

便永远成不了和他同频共振的 X，这个方程也画不出圆满的曲线。

《疯狂动物城》里勇敢正义的兔子会爱上坑蒙拐骗的狐狸；《美女与野兽》里婀娜多姿的公主会爱上面目狰狞的野兽；《天仙配》里九霄云上的仙女会爱上人间世俗的凡夫……

而现实中，不喜欢你的人，永远也不会爱上你。

他若不爱你，你每天穿上抹胸、深 V、超短裙守在他家门口，他都能做到视而不见、无动于衷。哦不，他不会视而不见，也不会无动于衷，他会打电话给警察叔叔，说有个变态堵在他家门口试图性骚扰他，请警察叔叔立即挥舞正义的锁链把你拖进十八层地狱。

他若不爱你，你小心翼翼送出的关心都会被他视作是多管闲事的打扰，你忍不住瞟他的余光也会被他当成是让人不寒而栗的窥视，你羞答答暗送的秋波都会被他看作是低贱的轻浮和不检点。

他若不爱你，他只想和你在灯光昏暗的宾馆里一夜缠绵、一夕贪欢，却不愿陪你在海风徐徐的沙滩上深情拥吻，不愿意为你囿于昼夜、厨房与爱。

他若不爱你，你的盛装出席都是徒有其表的多余，再深情也只会感动自己，伤了自己，毁了自己。

若他不爱你，请把你泛滥在空气里的爱意全部收起，请把你破碎成渣的"玻璃心"死死攥紧，大步走开，别让死缠烂打把你变得面目可憎，别让纠葛不清让你变得卑躬屈膝。

这世界上的很多问题，只要和情情爱爱扯上关系，再简单的问题也会变得复杂难解，再赤裸的现实问题也会被抛在脑后，视而不见。

他不爱你，你能怎么办？你只能选择忘，慢慢地忘，毫不犹豫地忘，狠狠地忘，撕心裂肺地忘。

别说你不知道怎么忘，你只是仍旧对和你没有半毛钱关系的他心有不甘，你只是害怕忘记的过程漫长而痛苦。

所以呢？

所以你活该痛苦啊。

你明明知道你留下来，不能解决任何问题，那就大步走开，放过自己！

每天忐忑不安、小心翼翼地发出的"晚安"，却得不到半点回应，那就死死地按住自己的手指，从此以后再也不发。去找你的朋友，去找你的家人，去找那些愿意秒回你、值得你花费时间的人分享和倾诉。

你也是爸妈日日思念、夜夜期盼的掌中宝、心头肉，你也有朋友愿意撑到凌晨为你送上生日祝福，如今却为了一个避你如瘟神的人哀哀怨怨、低到尘埃、毫无尊严，值得吗？

如果你总是在恍惚中感觉你见到的人都有他的影子，如果你总在幻想你到过的每一个地方都有他的陪伴，如果你每次都为他辗转反侧、夜不能寐，那你真的该反思了：

我是不是太无所事事，所以脑海里才腾出那么多空间去自导自演这些苦情剧？

我的交际圈是不是太狭窄，以至于都遇不到更好的新欢？

我是不是还不够优秀，所以才没有遇到更多、更好的选择，或者是遇到了也没有底气和勇气去追求？

你脑海里赶不走他，恰恰说明你目前可能是处于零输入的状态：你没有好好读书，你没有坚持运动，你没有积极工作，你没有广交朋友，你没有决心进步，你没有用更精彩、更丰富的生活去填充自己因为爱上他而逐渐萎靡和空虚的生活。你脑海里没有新的知识，没有新的朋友，更没有新的生活，所以你只有他可以想，你只有他可以念，于是你的世界、你的眼界都局限在一个人身上，你只能慢慢变得狭隘、变得肤浅、变得鄙陋。

你说你做不到，还是会心痛？那么就忍！

忍不住？那就痛，痛久了就麻木了；如果不麻木，回头看的时候永远不知道自己当初是多么无聊、多么幼稚、多么傻。

有句话说：你永远叫不醒一个装睡的人，就像你永远感动不了一个不爱你的人。你为他伤心、伤痛、伤残的时候，他在和另一个人谈情说爱；你为他自卑、自虐、自残的时候，他在和另一个人谈情说爱；你为他痛哭、痛心、痛苦的时候，他在和另一个人谈情说爱。

当爱不再柔情，而是长满了尖锐的刺，像爬山虎一般在心头蔓延扎根，请狠狠扯掉这份爱的外衣。我知道伤口会喷血，但我也知道伤口会在时间的洗礼下被治愈成坚硬的疤。疤痕时而隐隐作痛，才能提醒你警惕地去爱，小心地去爱，成熟地去爱。

你当他是今生挚爱，他在宾馆谈情说爱。

爱若换不来回应，再痛也该割舍。

忘记他很难受，但一定比爱他舒服。

爱情让你得了一种病，
叫"总觉得自己很特别"

在感情中，"勇敢承认自己很普通，没那么特别"真的能解决一大半的矛盾，能消除一大半的不开心。

我们总是妄想在别人心中占据一个"独一无二"的位置，因为我们太渴望通过另一个人情感上的依赖，来强调我们的存在感和独特性。

网上流传着小姑娘们和男朋友吵架后必须要发在微信朋友圈状态里的一句话："如果你给我的，和你给别人的是一样的，那我就不要了。"

其实这句话也有一定的道理，谈恋爱图的确实就是个新鲜感，你对我要是和对其他人都一样，那其他人是不是也可以做你对象？我完全不特别了啊!

但千万不要中毒太深。

我有个朋友向我吐槽，他女朋友把他一个从小玩到大的红颜
知己的微信给删除了。

因为他女朋友翻了他们的聊天记录，然后就发飙了："为什么
有些事情你和她说而不是和我说？你和她到底是什么关系？你到
底把我当成什么了？"

我这个男性朋友解释："这有什么问题吗？我也给其他朋友说
啊，不给你说只是觉得这个问题没必要和你说，我也犯不着什么
事都和你说吧？我能有自己的朋友和自己的生活吗？"

然而他女朋友的下一个问题就是："你到底爱不爱我？"

朋友的解释是徒劳的。

还好，我没有女朋友。

每次他和我们出去聚会，都是提前走，玩不尽兴。因为他有
一次和我们聚会时发了一条微信朋友圈状态说：这辈子遇到你们
几个朋友，是我最幸运的事情！回家后他女朋友就因为这句话生

气了。"原来遇到我不是你最幸运的事情，我没有你那些朋友重要，是吗？你和你兄弟谈恋爱去吧！"

从此他就怕了，出来聚两个小时，回家要用一晚上的好言好语安抚他女朋友。

"你和你兄弟谈恋爱去吧！"这句话是不是很耳熟？比如："你和你的手机谈恋爱去吧！""你和你的游戏谈恋爱去吧！"

有些人一谈恋爱就会变得特别作、特别敏感、特别玻璃心：和我在一起你竟然玩手机？我没有手机好？手机重要还是我重要？和我在一起你还在打游戏？游戏比我有意思？我还没有游戏魅力大？

最后得出结论：你不爱我。

其实这种想法很幼稚。因为没有人会只用一种感情、一种情绪去占据自己全部的生活。不会有人只把爱情当成自己生活中唯一的期待，不会有人此生只在乎一个人，不会有人一辈子只思考一件事。

如果有，那他一定还没有长大，或者是他挺闲的。

所以和你谈恋爱又怎么了，有时候他在一个搞笑视频里获得的乐趣就是比和你聊一整天获得的要多。有时候他和朋友们打一个下午的游戏就是比和你腻歪一个晚上要更放松。

这和爱不爱无关，这和现实有关。现实是什么？现实就是不是你没有手机有趣，不是你没有游戏好玩，只是你真的没那么特别，你只是他生活的一部分，而已。

你是他生活中很大的一部分，但若是没了其他的部分只有你，他的生活也是残缺不全的。

回到我那位男性朋友的故事，我想问："有了对象的人，就不能有蓝颜／红颜知己了吗？"

当然可以啊，矛盾点在哪里？保持好界限就行。

每次有人问："你觉得男女之间有纯友谊吗？"我就真的很想扇他一耳光，再狠狠地质问他："你为什么对男女之间的友谊那么悲观呢？"

为什么有的人会觉得和我谈了恋爱，你就得什么都和我倾诉，你就得把我放在独一无二的位置供着，不能让其他人占了你花在我身上的时间和精力？

孩子，有些事情，连我妈我都不会说，为什么你会觉得我什么都要跟你说?

　　一个人心中最特别的存在,一定是他自己。

　　他认为的特别才是特别,而不是你认为的。

　　爱得再深,你们也都是彼此独立分裂的个体,靠得再近也需要有彼此的空间才能自由呼吸,否则会憋死。

　　我也见过很多人一谈恋爱就要逼自己对象在朋友圈秀恩爱、立誓言:"这是我对象,我这辈子只对她好!她是我的唯一!"

　　这就是急于要给自己盖个章,证明自己的独特性。

　　你总觉得:我在乎的人只有和我在一起才会那么开心,因为我在他生命中是独一无二的存在,只有我能懂他,他也只愿意懂我。

　　后来你发现,原来他的生命中还有另一些你不熟悉的面孔,他们在一起同样可以无话不谈,同样可以亲密无间,同样可以为对方两肋插刀。你心里面会感到很不舒服、很失落、很不满,因为你惊觉自己并不是无可替代的。

　　在感情中,"勇敢承认自己很普通,没那么特别"真的能解决一大半的矛盾，能消除一大半的不开心。

当然，爱情中确实需要"特别感""新鲜感""不一样"，只是热恋期一过，就别太苛求、别太作，再可歌可泣的爱情终归也要落到尘世中，沾满一身烟火味的。

我觉得最美的爱情就是，在这个洒满了脂粉的世界，你却爱上了一个如此普通的我。

多美好啊！

你还放不下那个不爱你的人吗

伤心的人最爱唱情歌，跑调了也没关系。

反正，没人听！

— 1 —

大学的时候我有一个奇葩死党叫大奇，他每次谈恋爱，我就想拉黑他。

他从来不在微信朋友圈里秀恩爱，但是他会把和女朋友牵手、接吻的各种恩爱的照片私聊发给我，还装作一脸无辜地回一句：对不起啊，发错了（微笑）（微笑）（微笑）。

发错了为什么不撤销？

为什么发错那么多次？

大奇经常刺激我说："你这个年纪啊，再不谈恋爱，再过几年谈的要么是黄昏恋，要么是忘年恋。"

我不就是一个单身了二十多年的二十多岁美男子吗，在别人眼里，我竟至于会落得如此凄凉的下场？

其实我觉得黄昏恋和忘年恋也挺好。

大奇有时候也会摆出一张严肃脸劝我："我们都谈恋爱了，你还一直单着，怪孤独的。我怕你一直单着，我有儿子以后他会少拿一份压岁钱……"

我嘴角上翘表示了我的不屑，瞪了他一眼说："恭喜你儿子拿不到我的压岁钱了。你觉得我像孤独的样子吗？我过得简直太充实了！"说完自己戴上耳机，转过头，懒得再理他。

他每次都被我呛得无言以对，只能悻悻地走开。

我虽然不谈恋爱，可我并不孤独啊！

每天发三条朋友圈状态都无法表达我生活的充实好不好！

我好歹是个学生会的部长，部门活动五花八门，执行、策划样样精通，过生日的时候少说也有二十几个部门的"好基友"可以陪我在KTV一醉到天明，我怎么会孤独？

我创办了一个微信公众号，两个月的时间涨粉一万多个！每天奔波在看文章、想文章、写文章的三点一线上，每篇文章都有上万人阅读，在公众号发个"晚安"回复都有好几千！我怎么会孤独？

为了保持语感，空余时间我都在图书馆做大量的阅读，基本不在图书馆闭馆之前离开。呵呵，我怎么会孤独？

我哪有时间孤独？

— 2 —

其实，大奇不傻，爱情又不是催一催就有的。

我知道他每次劝我谈恋爱，都是想说："不就是表白失败了嘛，赶紧忘了，找下家啊！"但是他从来不敢明说。

因为表白失败这件事一直是我不可谈的话题禁区。

好吧，我不装了，不是表白失败伤及了男人的自尊才不可谈及，而是表白的对象是我不可谈及的话题禁区，轻轻触碰，伤痛依旧。

我很想洋洋洒洒写下一个情节曲折、跌宕起伏的爱情故事来描述这个禁区，可是这个故事却没有两个人共同经历的回忆，只有一个人躲在没有聚光灯的舞台唱着独角戏。

爱上了，鼓起勇气表白了，然后被拒绝了。

所谓的天赋，只不过是义无反顾

没有争吵，没有误会，没有阴险狡诈的男二号从中作梗，也没有门当户对的世俗枷锁棒打鸳鸯，只有白纸一般的空白剧本，可这就是我失败的青春。

竞选学生会部长的时候，我底气十足地说："我来竞选，是因为我爱学生会。"我真的爱学生会，可是我没有勇气说，我来竞选，还有个原因是她也来竞选了。也许留在同一个地方，可以给我多一个和她搭讪的理由。

我经营了一个微信公众号，写了好多爱情故事，都是我曾经幻想可以和她一起经历的故事。我尤其喜欢其中一个故事：我变成了超级英雄，打败了她身边所有的异性。

我喜欢泡在图书馆里啃书，是因为她说她喜欢有书生气质的男生，于是我开始读书。等我真的爱上了读书，有了书生气质的时候，她却找了一个毫无书生气质的男朋友。对不喜欢的人，所有择偶标准都是拒绝的理由，都是用来扯淡的。

原来，她造就了我所有的孤独。

大学四年，我花了三年的时间用来喜欢一个不喜欢自己的人，剩下的一年用来忘掉那个不喜欢自己的人。"校园爱情"那么美好的东西永远只能出现在我的日记本里了。

—3—

现在回想起那段孤独的暗恋时光，我除了脸上苦涩的笑，就只剩下懊悔了。

身处爱情中的人对待恋人过于执着，可以美其名曰"专一"，但是如果单恋不喜欢自己的人，还过于执着，只能怪自己太傻。

很多人总是硬生生地把暗恋打成一场没有硝烟的持久战，最后战场上只有一个伤员，那就是自己，同时还要扮演战地医生的角色，学会自愈。明明知道是没有结果的暗恋，为什么我们却总是放不下？

第一，因为我们总在幻想：他有可能会喜欢我。

可是，若是喜欢，一个眼神足已决定一切。大多数情况，我们都不愿意承认"其实他没那么喜欢我"这个事实，可是再多的不甘心也换不来爱情。不用再给自己找一万个理由来自怨自艾了，简单地说，就是因为你无法把自己变成另外一个他会喜欢的人。他就是无法爱上你，仅仅只是因为你就是你，不是他喜欢的你。

第二，即使愿意承认"他现在不喜欢我"，但还是会幻想"等我变好了他就会喜欢我"。

你幻想着，有一天你变美、变瘦了，也许他就会喜欢你了。且不说真正做到改变自己有多难，即使你真的变美、变瘦了，他可能只是从不喜欢你，变成只是想和你发生关系而已。

你幻想着，有一天你变得优秀了，也许他就会喜欢你了。可是你再怎么优秀，还是会有不优秀的一面，甚至连优秀的一面也有可能会被不优秀的一面所掩盖，所以优秀无法成为爱情的保障。

我希望你的爱情和优秀与否全无关系，只和最真实的你有关系。

对待暗恋最好的方式是在合适的时候勇敢表白。表白是一种自我救赎，表白成功，得到爱情；表白失败，趁早解脱。

如果暗恋上不爱你的人，请把他尘封在记忆里。

你还是要努力变好，但不是为了讨好不爱你的人，只是为了遇到更好的自己和更好的人。

你无法讨好一个不爱你的人，果断地放弃，好过无谓地自我纠缠。

很多读者表示认同，但是又说"就是放不下"。

我问："为什么放不下？"

回答："因为真的放不下啊……"

我："……"

现在的放不下，付出的都是青春的代价、时间的代价。

你错过的不仅是爱情，还有大把充满可能性的青春。执着地单方面付出不仅让自己错过了遇上另一段感情的可能，也没能遇上更好的自己，因为很多单相思的人往往是自怨自艾，而不是自强自立。

爱情可能会在你青春年少的时候出现，但是青春不会因为你的痴情而重来。

如果不能"择一城终老，携一人白首"，那也千万不要"择一树吊死，因一人孤老"。你用来为对方吊死自己的时间，对方都用来爱别人了。想想这种不对等的付出，就让人心绞痛。

所以，你心痛吗？痛死你自己吧，反正你为之辗转反侧的人也不会来给你半句安慰。把半夜为他失眠的时间，用来读书；把为他伤心落泪的时间，用来健身；把为他矫情的时间，用来打造优秀的自己。

如果他的身体和灵魂都在另一个人的身上趴着，你就要让你的身体和灵魂都在前行的路上狂奔。

我长得不好看、没有钱，

可是我依然凭借对生活的热爱一往直前，

卑微地努力着，

放肆地哭着、笑着，

活成我喜欢的样子。

第五章

哪有人生来人见人爱，
只是学会了与世界相处

你明明什么都没有，却什么都想要

你想要的尊重，终究得靠自己去争取。

要靠自己去创造一个让人尊重的理由。

细数自己那么多年来收到过的新年祝福，如果不算群发的还真没剩下多少了。

有一年过春节，我的微信朋友圈开始被一个互动游戏刷屏，游戏的内容是，为了在除夕夜不再收到群发的信息，现在开始预定专属于你的除夕夜祝福以及我对你这一年的记忆。通过点赞进行预订，预定日期截止到2月7日00:00，点赞的人可以选择把这个有意义的游戏继续传下去。

我实在不觉得这个游戏的意义有多大，但看到这个游戏的时候，我还是不由得脸上一热。

因为我就做过大家鄙视的群发分子。

去年除夕夜的时候，我通过微信群发了一条"祝大家新年快乐"的信息给我的亲朋好友们。

没过多久就收到一个同学义正辞严的回复：请不要群发祝福信息。

我不禁愕然，送出的祝福得到这样的回应，我有一种深深的挫败感。

微信的群发其实是可以选择的，你可以选择群发给一部分人，同时不发给另外一部分人。所以我群发的人，都是我觉得关系还可以的人，所以我才会送上祝福。

我们讨厌别人群发信息，无非是觉得以群发这种形式送上的祝福显得对自己不够重视，所以我们都希望收到一条带上自己昵称、配上各种喜庆表情的私人订制的专属祝福。

可是，你那么希望别人重视你，你有没有想过，你在别人心里，有那么重要吗？

一般来说，对于两种人，我们才会谨慎地选择单独发送祝福信息。

第一种自然是"亲密的人"。但越是亲密的人之间，其实越不会在意群发还是不群发这种礼节性的社交。

我有个交往十多年的好朋友，逢年过节从来收不到他的祝福短信，群发的都没有。有一次我和他开玩笑地说："你这种人在社会上就是要被排挤的，逢年过节都不懂得发条信息问候问候。"他说："我一直都有发啊，发得可勤快了，并且从不群发。"我奇怪了，问他："那我怎么没收到过？"

他反问道："社交圈那么多人，怎么可能都发？要挑重要的人发！你当然很重要，只是我觉得我们的关系，已经可以跳过这些面上的形式和步骤了。"

我们之所以重视和亲人、爱人以及朋友之间的亲密关系，就是因为在他们面前可以少一些繁文缛节，多一些肆无忌惮。

亲密到一定程度，群发不群发，甚至不发，又有什么关系呢？

第二种就是我老朋友口中的"重要的人"。

亲密的人当然也很重要，不过这里所说的重要的人，是指一些社会地位较高，工作能力比较突出的人，他们往往和我们的自身利益紧密相连，对我们的发展起着非常重要的作用。比如，工作上的领导、合作伙伴，还有身边一些有能力、有潜力、有魅力的优秀的人，逢年过节单独发条信息问候一下，以示重视，寻求以后的帮助和扶持。

你可能觉得这种心态过于"势利眼"，但是群发这件小事，本质就是关系型社会中赤裸裸的人际交往。

我们不能因为这个现实而变得势利，但我们必须懂得这个现实的势利，并让自己学会在人际交往中不走弯路。

你在鄙视别人群发祝福信息的时候，好好想一想：你是不是一个值得看重的人？是不是一个能给别人带来益处的人？是不是一个足够优秀的人？

然后，再思考：你是不是一个值得单独给他们发送祝福信息的人？

如果你和别人既不亲密，又还没有足够优秀到让人去重视你，而你还在嫌弃别人群发的信息，凭什么呢？有句话说得好，你感觉到别人不重视你，只是因为你还不够"重"。

会单独给你发祝福短信的人，无非是你的家人和为数不多的好朋。对于其他的人，如果关系本来就生疏还记得给你祝福，已经值得感恩了，再要求别人郑重其事地单独给你发祝福信息，是不是有点强人所难、自视甚高？

你应该想的是，为了明年不再收到群发的祝福短信，新的一年，我要努力让自己变得更加优秀，在人群中更加有话语权，别人才会愿意费时费力地单独给我编辑一条祝福的信息。而不是为了不收到群发的信息在朋友圈玩一些没有意义的社交游戏。

不要做"明明什么都没有，却什么都想要"的人。

你想要的尊重，终究得靠自己去争取。

要靠自己去创造一个让人尊重的理由。

PS：收到一条群发的祝福信息的时候，不要胡思乱想，不要妄加揣测，更不要黯然神伤。大多数人群发祝福信息，不是因为他们不重视收信息的人，真的只是因为懒！

如果你像我一样认识一些懒到都不会群发祝福信息的朋友，你就会知道收到一条祝福是多么值得珍惜了。

情商高就是懂得尊重别人

能用红包解决的问题，千万不要欠人情。

如今的微信早已不仅仅是"熟人社交应用"，办公赚钱要用微信，暧昧调情要用微信，联系亲友要用微信，各式各样的人都在我们的好友列表里，默默注视着我们的一举一动。

微信涵盖了我们在社会上几乎所有的人际关系，所以离开了微信，我们基本上就等于告别了现代社会。

不懂得如何提高在微信上的社交技能，很容易让你被贴上"情商低"的标签。

— 1 —

"在吗？"

——"别提爱不爱，别问在不在，我不在！"

"你好。"

——"你怎么知道我好？我不好！我很缺钱！请打钱给我！"

以上是别人用"在吗""你好"两句话和我打招呼时，我最真实的内心独白，因为我根本不能直接知道你到底要表达些什么！

在微信找人的时候懂得打招呼很必要，但是打招呼的时候如果能顺便表明自己的来意，同时把事情简洁明了地说清楚，会更好！

比如："在吗？想请问一下，您目前写作一篇软文的收费情况如何？合适的话想找您合作。""你好，我是×××公众号的小编，粉丝××万，想转载您的文章《×××》，能否授权？"

这样的打招呼直截了当、一目了然，你成功引起了我的注意。

麻烦别人的时候，请尽量减少别人的回复时间。

你要相信，在你的微信好友列表里，没几个是闲着没事干就有饭吃的，请尊重别人的时间，没人想和你叽叽歪歪寒暄十几分钟。

—2—

在和人聊天时，如果没有必要，不要发语音！

如果一定要发语音，尽量不要发超过30秒的语音！

即使你语言组织得很严密，语音也很难让人迅速抓住重点，重复听几遍大段大段的语音真的很痛苦，我又不暗恋你，你凭什么觉得我会那么享受你的声音。

当然还有一种让人崩溃的情况：明明一句话可以说完，偏偏要分成几段来发。请不要告诉我微信有语音转文字的功能，那是方便了你自己，麻烦了别人，很没公德心！

—3—

如果没有必要，千万不要麻烦不熟的人。

如果你觉得拉票、朋友圈点赞这种事是你人生中非常有必要的事情，那我只能说你的人生会不会太闲啊？

不要因为鸡毛蒜皮的小事麻烦和自己不熟的人，因为人情都还没有建立起来，立刻就会被你透支为负数了。

比如我经常会收到这样一些消息：

"你文笔好，帮我写的这篇文章提提意见吧！"顺带砸了个

word文档或者链接过来。

"我也想做个微信公众号，你帮我讲讲怎么运营吧！"

"宝宝们帮我朋友圈的第一条点个赞吧，么么哒，爱你们哦！"

谁是你的宝宝？还"么么哒"，好想拉黑他，但我忍着！

说实话，要是不收到这些消息，我都忘了原来我还有这个微信好友啊。平时从来不给我的动态点赞和评论，从来不和我互动，上来就让我帮忙，这个忙我也许会帮，但是会让我感到很膈应。

其实，有些举手之劳的忙，我们帮了你也并无大碍。但是千万记住：帮你是我好心之举，不是我的义务；不帮你也不是我自私，是我没这个责任。

因为我们根本不熟啊！

— 4 —

能用红包解决的问题，千万不要欠人情。

可能有人会质疑："按照你的逻辑，以后都只能找熟人帮忙了，中国是个人情社会，你帮我我帮你，再正常不过了，能不能不要那么自私！"

当然，忙是能帮则帮，但是如何让别人心甘情愿地帮忙，并且不会觉得受到了打扰呢？

很简单，能用红包解决的问题，千万不要欠人情！

——"不就是个小忙吗，这都不愿意帮，还要发红包？"

——"不就是个小红包吗，这都不愿意付出，怎么能总是想着免费占用别人的时间呢？"

其中的原因很简单，小学课本就曾教育过我们：不要总是索取，要懂得付出。

在微信群里请人帮你投票，最后都没人理你？很简单，在群里丢个红包，分分钟会被抢光，并且大家会心甘情愿地帮你。

想找我帮你看文章提建议？拜托，我白天要忙工作，晚上还要写文章，休闲的时间基本没有，已经很累、很忙了。咦，等等，有红包？哈哈，好说，你稍等我帮你看看。

其实红包大小我们并不在乎，这不是钱的问题，而是一个小小的红包代表了你对我的付出有足够的尊重。一是因为红包代表你懂得付费请人帮忙做事，这和免费索取有本质区别的。二是红包本身就代表了喜庆和吉利，收了你的红包，沾了你的喜气，心情好了，帮你个小忙自然不成问题。

— 5 —

在聊天时一定要注意小细节。

在微信社交里，小细节对人与人之间的交往有着至关重要的作用。

文字表达少了生气，很容易让人误解你的意思。如果只是使用类似"哦""好的""谢谢"之类生硬的词语，就会给人一种公事公办的感觉，会拉长彼此之间的距离，但是如果仅仅在末尾加一个"~"符号，给人的感觉就会截然不同！

人与人之间交往的亲疏，也许就是一个表情的距离，你为什么要选择做那个没礼貌的人呢？

所以，请跟上时代的步伐，懂得熟练运用明星照片、暴走漫画等元素制作的表情包或者系统自带表情，这种表情有很好的调节气氛的作用，一下子就能拉近彼此的距离，增加亲切感，给人留下好印象。

在微信社交中，除了要注意多运用表情，还要注意加别人为好友之后要主动介绍自己，而不是像个死尸一样一句话也不说。

另外不回别人微信请不要发朋友圈，如果不想立刻回复别人的消息请标记成未读，稍后一定要记得回复。

以上都是一些细节问题，细节不一定决定成败，但一定体现情商，而情商往往决定成败。

— 6 —

"拉黑""屏蔽""分组"这些功能，尽量不要使用！

凡事喜欢使用这些功能的人，在生活中往往是那些充满戾气、脾气暴躁、喜欢与人交恶的人，同时还一不小心就会让自己很尴尬。

你的朋友圈只让A分组的人看，可是你能保证A分组和B分组是完全没有交集的吗？如果B分组通过A分组知道了你的朋友圈屏蔽了B分组的人，你在他们面前还想做人吗？

你发朋友圈吐槽领导的时候，把领导分组屏蔽，你确定同事不会暗中抓你小辫子？

你一咬牙把领导和同事都给屏蔽了，如果有一天分组屏蔽的时候手抖分错了，想屏蔽的人全都看到了你的朋友圈，不想屏蔽的人都没有看到你的朋友圈，恭喜你，你的职场天花板就到这儿了。

　　你今天选择拉黑或屏蔽的一些人，搞不好他们明天就成了你的上司，或者在被你屏蔽期间成了明星、"网红"或知名"大牛"，于是白白错失了向优秀的人学习的机会，只能在心里叹息，恨自己太鲁莽。

　　微信上有拉黑、屏蔽好友的功能，可在现实生活中没有。搞不好你就会与被拉黑的微信好友抬头不见低头见，何必搞臭自己的交际圈？好脾气很重要！反正我所认识为数不多的行业"大牛"和成功人士，个个谦虚和善，因为他们懂得经营自己的交际圈，不至于因为自己的一时冲动而断送了自己的发展前途。

— 7 —

不要装腔作势！

　　装腔作势是网络上最讨厌的行为之一，尤其是微信朋友圈，乃是装腔作势重灾区。

比如说借自拍秀豪车、秀名牌、秀身材、秀长相；出个国就要天天发定位；一遇到时事热点就要发表高见来鄙视愚民，贬低别人，抬高自己的智商……

说几个我最喜欢的讽刺微信朋友圈装腔作势的段子：

段子一：我刚早起去沙县小吃吃早点，碰到个朋友，互相假装不认识，都是混微信朋友圈的人。毕竟他现在在香港旅游，而我在马尔代夫。

段子二：有些人在微信朋友圈发"我就是丑怎么样"，然后配上被修成"网红"样子的自拍。有些人会发"胖得想哭"，然后附小细腿照片一张。

段子三：一个女同学在台湾待了三个月，然后在微信朋友圈里就有了很多"大陆人"这个词。

所有借微信朋友圈秀优越感和刷存在感的炫耀的行为，我就不一一举例了，因为实在是太多了，你自己回头想一下在你的微信朋友圈里是否有这样的人，如果没有，那就请受我一拜！

你以为别人不知道你在装腔作势吗？其实大家都不傻，都有一双慧眼，对你的所有行为及心理都一清二楚。

你今天的炫耀，明天可能就会成为打脸的巴掌，自己打自己，疼痛会加倍！

最后，我要给所有喜欢在朋友圈炫耀的人一句忠告：善用微信，提高情商，人人有责！

我安慰你尽心尽力，你虚伪得用尽全力

我们讨厌的不是装，讨厌的是自己的感情被玩弄。

— 1 —

虚伪的人有以下两种：

第一种是自己不行，假装很厉害，自我陶醉。这种人一般不会得到任何同情，在人群里也很容易辨识出来，危害较小，因此不在本文的讨论范围内。

第二种是自己行，却假装不行，掩盖实力，博取同情，想制造成功"逆袭"的假象，实则是"啪啪"打了那些对他嘘寒问暖的人的脸，伤及他人感情。

说实话，我不讨厌装腔作势。相反，我不得不承认，那些总是装腔作势的人，通常也是真有两把刷子的。

世上谁人不爱装。肆意地装是自由，渴望装是天性，可以理解，且别人无权干涉。

能被辨识出来的装腔作势并不可怕，大不了屏蔽之，眼不见而心不烦也。但可怕的是有一种人，即使别人对他赤诚以待，他依旧按捺不住装腔作势的心，一股浓厚的虚伪的气流随时流窜到全身，装于无形之中，让人防不胜防。

— 2 —

我曾经参加过一个知名企业的面试，求职季面试时竞争相当激烈，所有人都摩拳擦掌，暗自较劲，准备在竞争中杀出一条血路。我对那次面试也相当重视，简历专门请老师帮忙改了一遍又一遍，一分钟的自我介绍都提前练习了好几天。

面试结束的时候，我和一个同学相约一起返校。

一路上，他眉头紧皱，时而唉声叹气，时而低头沉默，一脸忧愁。若不是碍于性别相同，我真想把他一把搂在怀里，像安抚娇滴滴的林妹妹一样送上我最温柔殷切的关怀。

看他情绪低落，我略有担心，于是问他："怎么一副不开心的样子？"

他叹了口气说："面试表现太差了，估计'要跪了'（失败）。"

我安慰他说："别担心，谁都会紧张，你的口才可是公认的好，肯定没问题的！"

他接着抱怨说："真的，我发挥失常了。太紧张，我话都说不清楚，答非所问，对问到的几个问题一点都不懂，只能生搬硬套，面试官表情可难看了……"

"啊……"照他那么说，能过的话除非HR瞎了。他可一直是同学们公认的"大神"，演讲、答辩经验丰富，没想到居然会马失前蹄。

经济不景气，求职不易，面试表现不尽如人意，在这种情况下谁都会心塞难受，我十分同情他。

于是秉承着"能鼓励的时候就坚决不打击"的原则，我继续安慰他说："别多想，可能只是你自己觉得紧张，别人不一定看得出来。你的简历拿得出手，HR又不是看不到你的优势。问题太难，估计大家的表现都差不多，你要相信自己的实力，瘦死的骆驼比马大。我表现得也一般，有我给你垫底，别担心……"

实际上，我觉得自己的表现其实不错，只是为了安慰他，我不得不把鸡汤都轮流地给他灌了一遍，磨破了嘴皮他才勉强地挤出了笑容。

生活的大反转比电影来得更让人措手不及，面试结果一出来，他成功地拿到了offer，我却遗憾地被淘汰了。

作为一个排名前几的学霸，他居然整天说自己学不懂，考不好。时间长了，我也见怪不怪，小忍作罢。

可是想想那天自己苦口婆心地安慰他的样子，真是滑稽到家了，有一种深深的被欺骗感。

我安慰你尽心尽力，你却装得用尽全力。

用装的态度，去对待真诚的关心，迟早要被人拉黑。

— 3 —

认识一个写历史专栏的朋友，他叫大立（为保护隐私，这是化名），"90后"，非常有才华，他的文章在各个媒体的历史专栏的阅读量都近千万。

大立告诉我，他刚开始写作的时候，经常和他的另一个朋友合作写文章，可是那位朋友的写作水平一般，总是需要大立花时间指导他人物怎么描写，更权威的材料在哪里找，文风怎么定才能有趣又不落俗套……

那位朋友经常垂头丧气地对大立表示："唉，也许我真的没有写作天赋。""经常麻烦你，我实在是过意不去啊。""真的觉得自己好笨。"

难得遇到一个同龄朋友也爱写历史文章，大立对他尤其宽容，总是在他萎靡不振的时候不厌其烦地安慰他，"写作的事情就要慢慢来，不要轻易放弃""多积累经验就能写好了""一起加油"。

让大立惊讶的是，他认识的一个出版社编辑，竟然主动和他朋友签约出书了，可一直和对方合作写文章的自己却没有得到这个机会。

更夸张的是，那人得到签约出书的机会后就火速把大立拉黑了。

直到他出书以后，大立才恍然大悟。

因为他的写作水平其实并不低，他给大立看的文章和他出书的文章截然不同。

在和大立合作写文章期间，他就通过大立的人脉资源认识了很多编辑，并且把自己写得好的文章私下发给编辑看，谈出版合作，而把写得不好的文章给大立看，故意在大立面前掩饰自己的写作水平。

大立尽心尽力地安慰和指导着他，可他却在蓄意假装自己很low，暗中抢夺资源。

现在大立已经小有名气，早已将他甩了八百条街。

虚伪男人的行为已经上升到了欺骗、愚弄别人的地步，一时装傻，一世抹黑。

—— 4 ——

有人说："其实真的不是故意装，只是在最后的结果没有出来之前，为了表示谦虚，只能暂且隐藏自己的实力，以免给人留下自大的印象。"

所谓"隐藏自己的实力"，应该是别人问起时云淡风轻，一笑而过，不虚伪做作，不刻意高调，这才叫谦虚。

以低调、谦虚为借口，忽视别人的感情和关心，这是最让人厌恶的装的行为。

也有人说："你觉得别人装，是因为你自己是loser，见不得别人好，所以才会'玻璃心'。"

装是你的自由和权利，我无权干涉。但是当你的行为是利用欺骗我的感情来达到满足你虚荣心的目的时，我宁愿成为一个"玻璃心"的人。若是你把我的真心摔碎在地上，便能看到我锐利的棱角。

多一点真诚，少一点套路，便能多一个朋友，少一个敌人。

最后说一句：装傻行为一时爽，透支信任火葬场。

真正的好朋友到底是什么样的

真正的友谊，其实就是虽然心与心之间距离远了，
但我还会为你保留原有的温度。

　　真正的好朋友到底是什么样的？ 有人说，好朋友就是你们的
关系可以亲密到让别人误以为你们是同性恋人。

　　我也曾固执地以为，形影不离、无话不谈是好朋友的第一要
义，好朋友就是随时随地都能黏在一起的人。我突然想去上厕所，
第一时间不是去找厕纸，而是转过头问死党要不要一起去；一场
电影、一顿大餐，若不是和好朋友一起去，就总觉得再热闹的场
面都显得有一点冷清，再美味的食物也欠了几分火候。

　　我闲着没事就想呼唤一下你的名字，不管你乐不乐意答应，
只是习惯了确认你的存在。

啊，我好像真的把你当恋人了，可我又清清楚楚地知道你只是我的好朋友，和恋人不同，甚至有些时候，你的存在比恋人更有意义。

如果有一天我们离得远了，见得少了，再也聊不嗨了，再也不好意思肆无忌惮地爆粗口、开黄腔了，偶尔见面也只剩下你一言我一语的尴尬了；我不知道你朋友圈出现的一张张新面孔叫什么名字，来自哪里，和你是什么关系，我也看不懂你在社交网络上欢欣鼓舞或者是抑郁低沉的每一句话、每一张图……

我只能无奈地摇头，哀声地叹气，无力地走开，静默地接受现实。

我想：到了那个时候，也许我们就不再是好朋友了吧。

2015年年底，我萌生了做微信公众号的想法。可是刚刚起步，没有人关注，怎么办？

我绞尽脑汁，冥思苦想，却毫无头绪。毕竟我是单打独斗，又没有资金，所以我只能用最笨、最原始、最讨人厌的方法：一个个求助微信好友，发红包，求转发，看会不会有人在朋友圈看了文章以后关注我的公众号。

可是我发了一个月的红包，却只涨了十个粉丝，并且八个人我都认识，纯粹是友情关注。

其中一个就是胖子，我在初中时的好朋友。

以前QQ空间流行过一个非主流测试，大意是说：如果以下事情中有十件以上是你和你的朋友都做过的，那就说明你们会是一生一世的好朋友，包括"一起睡在一张床上""去对方家里吃过饭""对方爸妈都知道你的存在""知道对方暗恋的人""知道对方讨厌的人"……按照这个标准我和胖子一起经历过大概二十几件事。

曾经要做一辈子好朋友的誓言终究抵不住时间的流逝和距离的阻隔，可自从我们上了高中分隔两地以后，感情变得越来越淡。两个人慢慢渐行渐远，从无话不谈到无话可说，一切都过渡得无比自然。

我眼睁睁地看着逐渐远去的友情，独自哀叹却无可奈何。

胖子看到我在微信朋友圈转发的那些文章，发微信问我说：

"你发的那些文章都是自己写的吧？"

那时我们已经基本不聊天了，只是节假日会偶尔打几句官腔，权当作寒暄。

我说："是啊，我在做公众号，转发看看有没有人会关注。"当时我发自己写的东西，还不会大张旗鼓地说是我写的，因为好面子，怕做失败了，丢人。但胖子还是看了出来，我挺惊讶的！

他问有多少人关注了我，我如实回答："不到十个。我也没有钱做活动来吸引粉丝关注，做了一个多月都是发红包求人转发，但是没有效果。"

"实在做不起来就不做了。"我已经快灰心到接近放弃了。

胖子说："那我帮你转发吧。"

其实胖子是基本上不发朋友圈的，可自从答应要帮我转发文章之后，我写的每一篇文章，他都是唯一不用我去发红包就自动转发的人。

有一次我打开他的朋友圈，吓了我一跳，全部都是我的文章链接，我都没注意过。

我有点不好意思，就跟他说："不用每条都转发，一两次就行。"

胖子只是简单地回答："没事，我帮你转。"他一如既往地帮我转发，来求得别人的关注。

我接不上话，只能暗自感动。

其实，真正的好朋友不一定是陪你最多的人，却一定是从内心深处最支持你的人。

有的人也许已经和你不再亲密了，但在你有需要的时候，他却是最热心帮你的那个人。

真正的好朋友，一定会打心底里希望你会变得越来越好。

不用说太多矫情的话，不用立过多苍白的誓言，真正的朋友足以让人暖到心底。

越长大，越会发现与人交心是一件很困难的事情。

我们在一生中会认识很多朋友，会从诗词歌赋谈到人生理想，也会一起勾肩搭背走过人世繁华，一起吃了很多饭，喝了很多酒，去了很多地方。

可是当你对他说："我决定要去创业了！"

他却只会用充满怀疑的眼光上下打量你，然后泼一盆冷水："你知道创业失败率有多高吗？你是'富二代'吗，你有多少钱可以砸？你有人脉资源吗？你还是面对现实，安心地去找工作去吧。"

可是当你对他说："我拿了一个一等奖！"

他却只会撇撇嘴、皱皱眉，顾左右而言他："哦，真好，我以前拿过特等奖。这些奖啊，没什么意义，都是走形式，拼运气罢了。"

当你和他谈你的梦想时，得到的不是热切的鼓舞和支持，却只是冷冷的嘲弄和戏谑；当你和他分享你的成就时，你体会不到他衷心的祝愿，只有暗地里的比较和无穷的嫉妒。

我想：即使你和一个人离得再近，靠得再紧密，也不说明你们就是真正的好朋友。

我们常常为那些年失去的友谊扼腕叹息，可回过头来却发现，真正愿意帮你的、打心底里支持你的、真心希望你好的，往往还是那些已经无话可谈的老朋友。

真正的好朋友，是当你有了麻烦需要帮忙时，即使你们相隔千山万水，他也会以最快的速度赶到你身边，一边咒骂你白痴，一边又比谁都尽心尽力地帮你收拾烂摊子的人；真正的好朋友，是在你落魄的时候第一个伸出援手、在你成功的时候鼓掌最用力的那个人，就算你们十年未见，如今物是人非、年岁不同，再见也只剩只言片语的寒暄。

真正的友谊，其实就是虽然心与心之间距离远了，但我还会为你保留原有的温度。

和混蛋做朋友，是对自己不负责

世界上有两件事是最刻不容缓的：第一件事是向喜欢的人表白，第二件事是和讨厌的人绝交。每拖一秒，对自己造成的伤害和痛苦就会更深一层。

— 1 —

我曾经参加过一个企业的面试，HR问了我一个问题："你和室友关系怎么样？"

我自然知道这个问题最标准、最保险、最不会出错的答案，无非是说"我和室友相处得很融洽""我们关系很好""我们都是很好的朋友"……因为这会显得你善于处理人际关系，不容易和人起争端、闹矛盾。

但我还是抑制不住想吐槽的冲动，如实地回答说："我和室友关系并不好，因为生活方式和个人追求的差异，我们之间时常发生矛盾，我并不想和自己不喜欢的人强行处朋友，所以只能维持普通同学的关系。"

　　HR没有过多追问，只是以过来人的姿态语重心长地对我说了一句："记得一句话，朋友多了路好走。"

　　原本面试一切顺利，但可能由于这个问题回答得有失偏颇，我最后还是被拒绝了。

　　说起我跟宿舍室友的关系，实在是一言难尽。

　　我们宿舍总共有三个人，两个室友都是独生子，在家里是典型的"小皇帝"，非常以自我为中心，不懂得考虑他人的感受。

　　室友A非常爱干净，所以每天准时在凌晨的休息时间打开洗衣机开始洗衣服，同时他还是个网络游戏的狂热爱好者，从早玩到晚，翘课玩，通宵玩，吃饭还在玩……爱玩游戏本身不是错，可是不戴耳机，把游戏声音放出来，还放得很大声，让人很痛苦。

　　室友A还专门购买了游戏键盘，这种键盘的威力在于，敲击时会发出非常大的声音，再加上室友A飞快的手速，所以我的宿舍整天充斥着"啪嗒啪嗒"的声音。更夸张的是，室友A打游戏时全情投入，相当敬业，嗨到顶点的时候，会突然狂敲桌子，怒吼一声。刚好我的桌子和室友A的桌子背对背，好几次我都毫无防备，被他吓得不轻，久久缓不过神来……

室友B和室友A有一个共同点，就是很爱洗衣服，而且是在每天早上八点左右就准时打开洗衣机开始洗衣服……所以我的休息时间，要么被洗衣机轰隆轰隆的声音活活吵醒，要么被洗衣机轰隆轰隆的声音吵得无法入睡、头昏脑张。

室友B还喜欢在大半夜洗澡，洗澡也就算了，关键是，他还很爱边洗澡边大声唱歌……宿舍那么狭窄的空间，只要他一洗澡，宿舍里就会回荡着他高亢洪亮的嗓音，同时每个角落的空气都会因为他撕心裂肺的歌声剧烈震荡，我的大脑也在跟着震荡！

从入学第一天起，我就一直尝试把室友变成好朋友，毕竟大学积累的人脉对以后很重要，多一个朋友就多一条路。刚开始碍于情面，为了和室友搞好关系，我什么都能忍。

后来实在忍无可忍了，但也没有当面指出室友的不妥，而是私下发短信，委婉地和室友说尽量不要打扰别人休息。

我好心提醒，他们也口头接受，但是最多缓和一两天，他们就又像什么事也没发生过一样重新折腾起来了。几次提醒无果之后，我彻底放弃了和他们做朋友的想法，面对室友不再强颜欢笑，也不再为了维护和他们的关系而表现得小心翼翼，直接把舍友关系冷处理了。

通过和室友之间的事，我只想说一句：千万别试图和混蛋做朋友，那是对自己最大的不负责。

"朋友多了路好走""多一个朋友，少一个敌人""出门在外靠朋友"，等等，这些格言我们都从小听到大，耳濡目染，坚信不疑。因此我积极地和所有人都维持朋友关系，酒桌上你敬一杯，我回你一杯，朋友圈你点一个赞，我回一个赞。即使对方三观扭曲、素质低下、情商堪忧，也要对外宣称我们是朋友，为了人脉，和混蛋强融在一个圈子，实在令人感到无奈。

可是这又何必呢？

生活中的混蛋往往是愚蠢的，他们不善察言观色，不懂人情世故，不会换位思考，而且这些人最可怕的地方是不仅蠢，还蠢得无比执着和倔强，永远意识不到自己的蠢，一意孤行，固执己见，听不进忠言，也吐不出什么好话。和这种人交往，就是相当累！

— 2 —

我曾经为了和一个计算机系的技术大神交朋友，在自己课业和实习最忙的时候，加入了他组建的创业团队，负责市场营销工作。可深入接触后我发现，这位大神非常强势，自视甚高，他主修计算机专业，却经常对自己不懂的营销领域指手画脚且听不进意见。为了和他搞好关系，在顾全大局的前提下，我都尽量退让，能忍则忍。

有一次，我们计划在一些知名的公众号上投广告。我写好了文案，做好了海报，可他觉得公众号免费注册一个就可以用来宣传了，为什么要付那么高的广告费？所以他硬是要我们去做公众号，还制定了"三个月零投入，做成拥有十万粉丝大号"的宏伟目标，因为他觉得写东西不需要成本。

我提醒他注册公众号虽然很简单，但是发展公众号很困难，如果是企业性质的公众号，涨粉更是难上加难。公众号如何定位，内容如何输出、如何推广等一系列问题的难度都不亚于进行第二个创业项目。

可他一意孤行，觉得创业就应该敢想敢做，就应该从无到有，于是不听从我们几个市场部人员的反对意见，风风火火地把本来就不大的团队分了一半去做公众号。

因为对他感到失望，包括我在内的几个市场部的人员都以各种理由选择了离开。

后来，意料之中的事发生了，因为他没有专心做产品，他的创业团队也成了万千创业大军中的"分母"，死得就像从没存在过一样。

为了和大神做朋友，我白白浪费了几个月时间，任劳任怨，却空留满腔愤懑。

所以我在这里再次强调：千万别试图和混蛋做朋友，那是对团队最大的不负责，是在为自己挖坑。

— 3 —

生活中遇到这种人，无论他是大神还是村口的狗蛋，只要他符合以上混蛋的所有特征，请立刻以最快的速度敬而远之。

世界上有两件事是最刻不容缓的：第一件事是向喜欢的人表白，第二件事是和讨厌的人绝交。每拖一秒，对自己造成的伤害和痛苦就会更深一层。

不要妄想和混蛋做朋友，这是对自己的荼毒，是对友情的亵渎，是对愚蠢的纵容，这是不道德的！

和混蛋维持表面的朋友关系其实是很危险的，你要拼命容忍，你要不断退让，你要使劲憋屈，才有可能放宽胸怀接纳一个混蛋朋友的存在。因为对方身上处处是"雷区"，你要步步为营，小心翼翼，每一件小事都可能是矛盾的导火索。

请果断远离生活中的混蛋，不要花时间和精力在无价值的交友上，你不需要和所有人都做朋友，维持人际关系要有选择、有原则、有效率。

人脉"广"很重要，人脉"精"更重要，真正有价值的人脉，不是你和龙蛇鱼虫都称兄道弟，而是你为数不多的朋友，都是值得深交的人。

你真的很没有礼貌

··

别说这只是开玩笑，你的玩笑，真的很不礼貌！

不知从什么时候开始，对人有礼貌成了一件很困难的事。

现在人与人之间的交往，已经慢慢从现实生活过渡到网络上，尤其是微信，它似乎正在逐渐取代嘴巴的功能，文字和表情包早已成了我们主要的交流方式。

微信是一个虚拟的社交平台，它现在不仅仅是熟人的通信工具，也是社会人际关系的一个载体，一个四四方方的头像会遮盖、隐藏现实中的一切，全凭文字、语音、表情来交流。

于是，现在的沟通成本变得很低，人对人发泄情绪的成本也变得很低：一言不合就拉黑，三言两语就谩骂，莫名其妙就吵架，话不投机就骂娘。

可能因为交流的两个人都互相没见过，所以在网络上对着一个头像诋毁谩骂、出言无状、鄙夷不屑，会让人的负罪感得到了最大程度上的缓解，所有的尖酸刻薄仿佛都因为"拇指时代"不追究言论之过而得到了救赎。

网络时代的人变得越来越不会考虑别人的感受了。思维一旦经过Wi-Fi传输，敲键盘的时候就容易不经过大脑思考。

在大家的印象里，写作的人一般都是饱读诗书、温文儒雅、素质较高的一群人对吧？其实不是，至少在网络上不是！

每个圈子都会有自己的微信群，我们写作的人也有。有一次，我点进一个作者群，看到几幅动态图，差点想戳瞎自己的眼睛。一位知名作者（为避免得罪人我就不曝光是谁了）竟然在几百人的作者群里发了几张大便的动态图。对！你没有看错，是真的大便的动态图。也许你只是看我寥寥几句的描述都觉得有点恶心了，但是我看到的是真实的、高清的动态图。

可能是碍于这位作者的名气，竟然没有几个人直接指责他，都是简单说几句不痛不痒的客套话。但我实在无法忍受自己的眼睛受污，非常生气地直接指责他的行为恶心至极，为人素质低下，毫无尺度和节操，还怎么整天写鸡汤教人为人处世？

后来陆续有人也表示难以接受，纷纷让他道歉，他没再说话，也没道歉，直接退群了。

很难想象生活中会有人公开谈论大便的话题，到了网络上，却一言不合就上图，丝毫不考虑其他人能不能接受。

这个作者的事看似是个极端案例，但是仔细观察，在网络上说话不经过大脑，不在乎别人感受的其实大有人在，比如说随意把别人的丑照丢到微信群、发到朋友圈，对别人的个人爱好说三道四，在别人表达难过的动态下面嘻嘻哈哈地评论，刚加好友就叫人发照片，逢年过节不管亲疏就叫人发红包……类似的事情真是不胜枚举。

别说这只是开玩笑，你的玩笑，真的很不礼貌！

电脑和手机屏幕有一种神奇的功能，它能隔开说话的人，隔开有些人的左右脑，让他们无法用正常人的思维在网络上进行人际交往。所以在社交网络中的人变得越来越容易动怒。

记不清自己在微信群里见过多少次战火喧天的骂战了，双方只要观点不同，就会二话不说，上来就骂。

生活中我们讲究体面，体面地说话，体面地做事，体面地为人。我们不轻易说脏话，不轻易动手，因为和人撕扯的嘴脸很俗、很丑、很丢人。脏话从口中出来，会恶心；拳头打在身上，会疼；扬起一把尖刀，真的会死人！

但在社交网络上，人被大大地物化成了一个静态的头像，不会有人觉得一个头像也会哭，一个昵称也会疼，所以文字轻易地就能被用来当作武器去攻击、去诋毁、去谩骂、去宣泄。

微博上，为了偶像和人对骂的粉丝，在生活中可能只是一个内向腼腆的小女孩；游戏里破口大骂、出口成"脏"的"猪队友"，在生活中可能只是个碰到女孩子的手都会脸红的小青年。

走在路上，你会因为陌生人请你帮忙投票就扇他一巴掌吗？不会吧。但要是某个微信好友群发了条拉票消息，不知道有多少人会在心里暗暗咒骂，甚至嚷嚷着要拉黑。拉黑给人带来的心理创伤可不比一巴掌来得轻。

　　生活中可以坐下来好好说话解决的事情，到了网络上就变成了"先吵架，再思考"，思考的内容往往是下一次怎么吵架更容易取胜。

　　因为现实太压抑，所以人们在网络上就会贪图打嘴炮的一时爽快，至于会对人造成什么伤害，早就被抛之脑后了。

问有必要问的问题，别让人给你发百度链接

你问出去的每一个问题，说出去的每一句话，都塑造了你在别人心中的形象。

"能百度的事情不要发朋友圈"，我以前总觉得这句话小题大做，慢慢地却领悟到：你所问的每一个问题，都显示了你的认知程度、思考深度、解决问题的能力以及你是一个怎样的人……

所以我们要问有必要问的问题，别让人给你发百度链接。

— 1 —

相信不只是我，你也会经常在微信上收到很多让人哭笑不得的提问。明明百度一下就可以得到答案，有人偏偏要专门让你帮他解答，或者大张旗鼓地发条微信朋友圈状态，配几个热泪盈眶

的表情高喊求助。

比如，我主修市场营销专业，由于专业成绩尚佳，实践经验也比较丰富，于是便经常收到很多人的求助：

这个专业到底是学什么的？这个专业的前景如何？学这个专业，毕业后主要从事什么工作？市场营销是做销售的吗？……

不止一个人，在不同的时间段，向我反复地询问诸如此类的问题，年年岁岁问题相似，岁岁年年求助雷同。刚开始我还会耐心解答，可是越往后类似的问题越多，我都会直接甩一个百度链接叫他们自己去网上查资料。

鲁迅曾经说过，"浪费别人的时间等于谋财害命"。我们生活中80%的疑问其实都可以通过网络得到解答，互联网的信息虽然庞杂，但是只要有一定的检索和辨别能力，并且找到正确的平台和渠道，实在没有必要占用别人的时间，更重要的是还会欠下人情。

— 2 —

打开社交网络，随处可见各种毫无营养价值的问题：请问excel

怎么做图表啊？PPT 怎么做动画啊？请问微信公众号怎么注册啊？请问雅思要怎么准备啊？请问专硕和学硕有什么区别啊？……

请问，你知道搜索引擎是用来干吗的吗？

这些问题基本没有询问的必要，明明敲几下键盘就可以轻松得到答案，偏偏要执意拿来浪费另一个人的宝贵时间。同时，询问的人自己付出的时间成本其实也会更多，因为网速远比人打字的速度要快得多。

尤其是他在社交网络上私信我时，更是让人欲哭无泪。回答吧，我确实很忙，真的不想浪费自己的时间和精力；不回答吧，又容易让人产生不好的印象。我也想用"我不知道"来敷衍，可更多时候，他来问你恰恰是因为知道你能解答，所以你躲也躲不过……

我们乐于助人，但不代表我们愿意生命被肆意地消耗。

也许有人会不屑一顾："不就是问你个问题吗，也至于那么'玻璃心'？"

当然不是我"玻璃心"，因为你问的每一个问题，都360°无死角地向外界展示了你的认知水平，你对问题的投入程度，你的思考深度，你解决问题的能力，你的性格特质……这不仅仅是拿一些毫无营养的问题去消耗别人的时间，更是对个人形象的巨大破坏。

— 3 —

第一，随便问问题，会显得你很"蠢"。这里的"蠢"，是指IQ（智商）上的硬伤。

我就犯过类似的错误。我曾经在一家企业实习，为了装作自己很好学的样子，便经常拿一些无脑问题去问带我的经理，比如新闻稿和软文的区别是什么，微信推送排版用什么编辑器，图片裁剪成多大才比较好看……

现在回想起来，我都会恨恨地跺脚，为自己的无知脸红。虽然我当时是"小白"，可毕竟还没有"小白"到连搜索引擎都不会用的程度，估计经理会以为他们招了个白痴，最终留用的机会自然与我无缘。

一些你以为困难到需要求助于人的问题，也许在其他人眼里只是相当于"1+1等于几"的小学生算数题，而这些白痴的问题只需要输入在搜索引擎里然后再敲一个回车键便可得到答案。

当你不经过深入思考，不去找资料就大费周折地拿出去问别人，难免会给人留下一种"连那么简单的问题都需要问"的印象，对方会出于礼貌解答你的问题，即使你再聪明，你也很难避免给人留下"蠢"的印象。

第二，随便问问题，会显得你很"笨"。这里的"笨"，是指能力上的不足。

在网络时代，基本的信息检索能力几乎等同于基本的生存能力和基本的解决问题能力。随便问出一些毫无水准的问题，会显得你缺乏独立思考的能力，缺乏解决问题的能力，缺乏自我学习能力。

连一些在网络上答案随处可见的问题都不能自己搞定，很难让人相信你能成就什么大事。

第三，随便问问题，会显得你不专业。

经常会有很多公众号小编来找我转载文章，因为我的转载须知里提到了我的文章有原创标保护，要留公众号ID（账号）给我加白名单才能转载，常常有很多人会很无知地跑来问我："原创标是什么意思？白名单是什么意思？"

就像学金融的必须要知道股票是什么，学计算机的必须要知道互联网是什么，学统计的必须要知道SPSS（"统计产品与服务解决方案"软件）是什么一样，运营公众号的也必须要知道原创标、白名单是什么，这是基本常识和从业素养。

不要把"缺乏经验"当借口，聪明的新手遇到问题都会先尝试独立解决，而不是一上来就问问题。一旦问出"原创标是什么""白名单是什么"这种基础得不能再基础的问题，立刻就会被贴上"不专业"的标签。

"不专业"这个评价就相当于淘宝买家给出的一星差评，对一个人的工作所造成的负面影响有多大，无需赘言。

如果百度一下就可以把专业短板补上，基本上不需要付出太多成本，为什么不先做好前期准备工作，了解一下相关的专业知识？很费流量，还是Wi-Fi很慢？

— 4 —

问问题切记问到点上，三思而后问：这个问题有没有问出去

的必要？能不能靠自己独立思考或者查资料解决？问了这个问题
会让我在他人眼中留下怎样的印象？

一旦一个人在别人眼中是"蠢""笨""不专业"的形象，他
就会被优秀的人和难得的机遇自动隔离。从长远来看，得不偿失，
负面影响深远，难以改观。

谁会愿意和"蠢"人一起合作？哪个老板会把重要的项目交
给一个经常问"笨"问题的人？哪家公司会把晋升机会给一个
"不专业"的员工？

能自己解决的都是小问题，一旦问出口，就难免涉及复杂的
人情世故。

如果对方觉得你的问题实在无关痛痒，懒得回复却发了条朋
友圈状态，那就很尴尬了，友谊的小船直接翻到海底两万里；如
果对方是你的老板，从你问出的一个个不经过大脑思考的问题中，
他会把你的无知放大到无能，你的职业天花板估计就可以封顶了。

你问出去的每一个问题，说出去的每一句话，都塑造了你在
别人心中的形象。

深谙人际交往之道的人，一定是以最高的效率、最快的时间以及最小限度麻烦他人的方式完成任务、给出结果，而不是在自己力所能及的时候还要四下求助。

屏蔽朋友并不可怕，
可怕的是不给朋友机会说话

我觉得自己被莫名其妙地欺负了，但没有第一时间去问对方为什么要欺负我，而是以另一种方式欺负回去。

你有没有被好朋友屏蔽过微信朋友圈状态？我有。

我有一个喜欢频繁发朋友圈状态的朋友，有一天突然发现她已经好久没动静了，于是我便进她的相册看看她的近况，没想到只看到一条横线。

那种感觉，就像登门拜访许久不见的朋友，到她家门口时，却发现门口挂了一块大大的牌匾，上面写着"×××禁止入内"几个大字。

×××就是我的名字。

刚开始我以为是微信朋友圈发生了故障，我还特地返回刷新了几次，又多次询问了我们的共同好友，最终确认她确实屏蔽了我。那条刺眼的横线就像紧闭的大门，不动声色地宣告：背后的主人已经决定不再将她的世界对你开放。

我一直在想自己是做错了什么惹怒了这位朋友，可我实在想不起来我对她造成过什么伤害。然而现实摆在眼前，我必须得承认，我一定是无意间做了什么事或者说了什么话，让她认为我是不对的、令人憎恶的、惹人愤怒的。

发现自己被她屏蔽后，我暗自难过了几分钟，便删掉了这位朋友。除了觉得彼此没有必要再联系以外，更多的是出于一种报复心理：你屏蔽我是吧，那我就要删掉你，否则显得我多怂。

我觉得自己被莫名其妙地欺负了，但没有第一时间去问对方为什么要欺负我，而是以另一种方式欺负回去。

奇怪的是，人们往往认为第一个要和对方握手言和的人是懦弱的，所以我们都羞于主动开口去说"我们和好吧"，似乎先行妥协的一方就等于承认"一切都是我的错"。

就像网络上很流行的一句话：你不问，我不说，这就是距离。

几个月过后，和老同学小凯在微信上聊天，无意间谈到了那个屏蔽我的朋友："怎么感觉你们在朋友圈都没有互动了？"

我如实回答说："她屏蔽了我，于是我就把她删了。"

小凯觉得有点不可思议："啊？发生了什么？"

我正义凛然地说："人家都不把我当朋友了，我也犯不着热脸贴冷屁股。"

"可她到底为什么要屏蔽你啊？"小凯问。

"这我怎么知道，得问她。"

"你都知道得问她，那你怎么不去问问。"

我一时被问倒，有点心虚，便没再答复。

过了一会儿，小凯给我发消息说："我帮你问了，她屏蔽你是因为你只给其他人点赞，但是从来不给她点赞。"

看到这个消息我差点被气哭："就因为这个？我也没有天天给谁点赞啊，都是看心情随机点。"

其实，如果两个人都能问一句"为什么"，也不至于让两个朋友因为这种无关紧要的事冷战几个月吧！

以前社交网络还不像如今那么普及的时候，和朋友闹别扭是一件很麻烦的事情。

因为要明里暗里去表达自己的小情绪，比如说要花很多的时间、精力用毫不在乎的语气、漠不关己的表情、不再亲密的动作等向对方传达"我不理你了""我生气了""我不想和你做朋友了"。

现在要表达对一个人的愤怒就简单得多了，大拇指点几下，拉黑、删除、屏蔽，分分钟替你实现朋友之间的绝交：消息已发出，但被对方拒收；发送失败，请先添加对方为好友。

这种方式减少了猜疑的过程，对方的态度在系统上的显示一目了然。有了微信代替我们日常的交流，所以我们懒得去解释、去沟通，反正回击的方式也很简单：你屏蔽我，我拉黑你；你拉黑我，我删除你；你删除我，我在朋友圈讽刺你。

这种方式是非常解气，但是解决不了问题。

真正的朋友跳出朋友圈还能亲密无间。所以当我们有矛盾时，能不能也跳出微信朋友圈，跳出网络，面对面好好说话？屏蔽朋友并不可怕，可怕的是不给朋友机会说话。

现在的很多偶像剧，如果剧中的角色们都能像个爽快的成年人，不要小孩子脾气，有话直说，有事摊牌，一般都演不过三集。"有话不说死憋着"是"脑残剧"制造矛盾的惯用伎俩，却在我们的生活中反复上演。

一件让双方都心怀芥蒂的事，藏在心里就是无法解开的结，只有我们都找个时间坐下来好好说话，才是正确的、成熟的解决问题的方式，如果两人没谈成，撕破脸吵一架也比毫无来由的冷暴力要好得多。

而有些架，面对面时是吵不起来的。

哪有人生来人见人爱，
只是学会了容忍这个世界

我长得不好看没有钱，可是我依然凭借对生活的热爱一往直前，

卑微地努力着，放肆地哭着笑着，活成我喜欢的样子。

— 1 —

"为什么有人对我的付出冷嘲热讽？"

"为什么有人宁愿发朋友圈也不回复我微信？"

"为什么我与世无争、人畜无害也有人对我恶语相向？"

……

谁没有在心里问过自己这样一些问题：

"为什么总有人不喜欢我？"

"是不是因为我长得不像'网红'一样漂亮？是不是因为我爸爸不是马云，老公不是王思聪？是不是因为我没学会蔡康永的说话之道？"

"我到底要怎么做才能变得和他（她）一样如此受欢迎？"

别急，现在就让我来教你：如何做到让所有人都喜欢你！

— 2 —

要做到让所有人都喜欢你，你要牢记以下几点：

第一，你不一定要能说会道，但你要学会"见人说人话，见鬼说鬼话"。

在大多数情况下，"见人说人话，见鬼说鬼话"带有强烈的贬义色彩，但它确实是在十面埋伏的社会丛林中谋求生存的一把利器。有一些话是我们可以用来贬低别人的，但是我们自己也有必要烂熟于心并灵活运用。

人际关系是定时炸弹，你说的每一句话都可能成为导火索，哪怕只是遣词造句的差错，都有可能引爆一场"世纪战争"。你身边有多少种人，你就要学会用多少种方式去和他们沟通，同样的语气、语调和内容用到不同的人身上，就会起到不同的效果。

你肯定遇到过那种强势、执拗到听不进别人意见的人吧？他永远坚持"我才是对的，其他人都是错的"，和这种人相处，你要懂得妥协，实在争不过他就尽量顺着他的意思。

相反，还有一种人，他有着一颗敏感、脆弱到极致的"玻璃心"。你绝对不能说他的缺点，不能指出他的不对，你的语气重一点可能就会像小行星撞地球一样在他心里造成巨大的伤害。对于这种人，你要时刻保持语气上的委婉、态度上的温和、行动上的不急不躁，最好表现得像个观音菩萨，避免因为微不足道的小事在他眼里留下恶人的印象。

对好朋友说什么话也要仔细考虑场合，你以为对好朋友就可以口无遮拦了吗？你整天拿他的缺点开玩笑试试，不出一个星期，你再发微信给他时，就有可能看到系统自动回复：对方已开启了好友验证……

人际关系就像嚼口香糖，说对了话就嚼出满口清香，说错了话就只剩一嘴粘牙。谁会喜欢有"口气"的人呢？

第二，你要对不可理喻之人有极强的容忍能力。

你今天美美地化个妆，做了头发，穿上"剁了手"买的新衣服高高兴兴地去上班，是不是会有人口无遮拦地开玩笑地问你打扮那么骚是不是要勾引老板？是不是会有人说看到你新做的发型像看到小丑一样？是不是会有人跑过来问你新买的衣服是哪个牌子、值多少钱，然后不经意地提起她的爱马仕和LV？

你是个乐于助人的人，能帮忙的事情一般都不会拒绝。但是不是会有人因为你的热心肠把你当作免费劳动力来使唤，随便一点琐事都要跑来占用你的时间？动不动就把不该你负责的事情推给你？而你找他帮忙的时候，他却找各种借口来推脱？

阳光明媚，心情大好，你在车里自拍发一条朋友圈状态，总会有人说你炫富；伤心难过的时候在微信朋友圈发一条状态感慨，总会有人说你矫情还顺手点赞；你因为任务完不成、课上听不懂而感到焦虑，偶尔抱怨一下，又会有人说你故意装。

遇到以上情况，千万不能生气。

保持微笑，学会容忍，容忍一切潜伏在你身边的那些蠢蠢欲动的不可理喻之人，避免与他们正面交战。

宰相肚里能撑船，作为一个社交达人，你的肚里要能撑航母。

宽容大度的人，没人会不喜欢。

第三，你要颜值足够高，钱财足够花，资源足够多。

对一个长得不好看的人，恋爱没有优势，在职场上还可能被歧视，何谈让人喜欢？

你不是人民币，所以不可能人人都喜欢你。别人喜欢你，一定不会因为你是一个潇潇洒洒、六根清净、超脱于红尘之外的素人，而是因为你有人脉、财富等丰富的社会资源。如果你本身和你背后都有值得挖掘的资源，他们看到你就会像看到了一座矿山，欣喜若狂地想靠近你和你的资源。

看人先看脸，创业要有钱，摸爬滚打要有资源。

所以，你看到了吗？

要成为一个人人都喜欢的人，你要活得小心翼翼、忍气吞声。

你要成为一个有颜又不缺钱的人生赢家，才能让所有人都情愿为你献上掌声。

— 3 —

有的人最讨厌那种"没有人讨厌的人"。

一千个人眼中有一千个林黛玉，所以一千个人眼中可能就有一千种自己讨厌的人。

假设你的社交圈只有五百个人，如果你想要避免成为他们讨厌的人，那么你身上可能就要具备他们想看到的优点，能有很多褒义词可以用来形容你。

所以要成为一个人人都喜欢的人，你就必须要心胸宽广、博学多才、谈吐不凡、远见卓识、出口成章、舍己为人、大公无私、忍辱负重、闭月羞花、玉树临风……

可能吗？

完全不可能！

我也想在忍无可忍的时候对无理的要求坚决地说"NO"！

我也想偶尔在不喜欢的人面前摆出臭脸表明我的立场和态度！

我长得不好看、没有钱，可是我依然凭借对生活的热爱一往直前，卑微地努力着，放肆地哭着、笑着，活成我喜欢的样子。

我做不到让所有人都喜欢我，我只能在漫长而平凡的人生中先学会喜欢自己，拿出我的真心去对待少数喜欢我的人。

我要以我的小成就为荣，也为我的小缺点捶胸顿足，但我不为不喜欢我的人浪费时间去难过。

不要为那些不喜欢你的人自怨自艾、唉声叹气，正因为他们的存在，生活才显得如此真实；正因为他们的存在，那些喜欢你的人才显得更加珍贵。